Photoshop
移动UI设计

PHOTOSHOP APP UI DESIGN

张晨起　主编

人民邮电出版社

北　京

图书在版编目（CIP）数据

Photoshop移动UI设计 / 张晨起主编. -- 北京：人民邮电出版社，2016.5（2021.1重印）
ISBN 978-7-115-41287-4

Ⅰ．①P… Ⅱ．①张… Ⅲ．①移动电话机－人机界面
－程序设计②图象处理软件 Ⅳ．①TN929.53
②TP391.413

中国版本图书馆CIP数据核字（2016）第060799号

内 容 提 要

本书主要讲解了 iOS、Android 和 Windows Phone 这三种主流智能手机的操作系统界面、App 元素和基本风格，全面解析了各类 App 界面的具体绘制方法与技巧。

本书共 5 章。第 1 章和第 2 章主要讲解智能手机的分类、设计原则、图形元素的格式和 App 的设计流程等 App 界面设计基础知识。第 3 章至第 5 章分别讲解了 iOS、Android 和 Windows Phone 三种主流智能手机操作系统设计规范和设计原则，以及图形、控件、图标和完整界面的具体制作方法。

本书适合 UI 设计爱好者、App 界面设计从业者阅读，也适合作为各院校相关设计专业的教材。

◆ 主　　编　张晨起
　　责任编辑　刘　博
　　责任印制　沈　蓉　彭志环
◆ 人民邮电出版社出版发行　　北京市丰台区成寿寺路 11 号
　　邮编　100164　　电子邮件　315@ptpress.com.cn
　　网址　http://www.ptpress.com.cn
　　北京虎彩文化传播有限公司印刷
◆ 开本：787×1092　1/16
　　印张：10　　　　　　　　2016 年 5 月第 1 版
　　字数：265 千字　　　　　2021 年 1 月北京第 5 次印刷

定价：49.80 元

读者服务热线：(010)81055256　印装质量热线：(010)81055316
反盗版热线：(010)81055315
广告经营许可证：京东市监广登字 20170147 号

现如今，各种通信和网络连接设备与大众生活的联系日益密切。用户界面是用户与机器设备进行交互的平台，这就导致人们对各种类型UI的要求越来越高，同时引发了UI设计行业的兴盛，iOS、Android和Windows Phone这三种系统是其中的佼佼者。

本书主要依据iOS、Android和Windows Phone这三种操作系统的构成元素，由浅入深地讲解了初学者需要掌握和感兴趣的基础知识和操作技巧，全面解析各种元素的具体绘制方法。全书结合实例进行讲解，详细地介绍了制作的步骤和软件的应用技巧，使读者能轻松地学习并掌握。

内容安排

本书共分为5章，以下是每章节中所包含的主要内容。

第1章，手机UI设计基本概念。主要介绍了手机的分类、手机的分辨率、UI设计基础知识和图形元素的格式。

第2章，常见的手机系统。主要介绍了iOS、Android和Windows Phone这三种系统的发展情况和界面设计的原则，简要介绍了其他系统。

第3章，iOS系统应用。主要介绍了iOS系统界面设计规范以及不同的图形、控件、图标和各种界面具体制作方法，制作了大量完整的界面。

第4章，Android系统应用。主要介绍了Android系统UI设计原则、界面设计风格和App的常用结构，通过对Android界面设计基础知识的掌握，结合前面基础内容的掌握，绘制了大量完整的界面。

第5章，Windows Phone系统应用。主要介绍了Windows Phone系统的特点以及界面与控件的设计原则和规范，在案例部分中制作了Windows Phone系统中常见的几种界面。

本书主要根据读者学习的难易程度，以及在实际工作中的应用需求来安排章节，真正做到为学习者考虑，也让不同程度的读者更有针对性地学习内容，强化自己的弱项，并有效帮助UI设计爱好者提高操作速度与效率。

本书的知识点结构清晰、内容有针对性、实例精美实用，适合大部分UI设计爱好者与设计专业的大中专学生阅读。随书附赠的光盘中包含了书中所有实例的教学视频、素材和源文件，用于补充书中遗漏的细节内容，方便读者学习和参考。

本书特点

本书采用理论知识与操作案例相结合的教学方式，全面向读者介绍了不同类型质感处理与表现的相关知识和所需的操作技巧。

前 言 PREFACE

- 通俗易懂的语言

  本书采用通俗易懂的语言全面地向读者介绍各种类型iOS、Android和Windows Phone三种系统界面设计所需的基础知识和操作技巧，确保读者能够理解并掌握相应的功能与操作。

- 基础知识与操作案例结合

  本书摒弃了传统教科书式的纯理论式教学，采用少量基础知识和大量操作案例相结合的讲解模式。

- 技巧和知识点的归纳总结

  本书在基础知识和操作案例的讲解过程中列出了大量的提示和技巧，这些信息都是结合作者长期的UI设计经验与教学经验归纳出来的，它们可以帮助读者更准确地理解和掌握相关的知识点和操作技巧。

- 丰富的配套资源辅助学习

  为了增加读者的学习渠道，增强读者的学习兴趣，本书提供了丰富的配套资源。在配套资源中包含本书中所有实例的相关素材和源文件，以及书中所有实例的教学视频，使读者可以跟着本书做出相应的效果，并能够快速应用于实际工作中。读者可到人民邮电出版社教学服务与资源网（www.ptpedu.com.cn）上免费下载。或联系本书责编liubo@ptpress.com.cn。

读者对象

本书适合UI设计爱好者、想进入UI设计领域的读者朋友以及设计专业的大中专学生阅读，同时对专业设计人士也有很高的参考价值。希望读者通过对本书的学习，能够早日成为优秀的UI设计师。

编者

2016年2月

目 录 CONTENTS

目 录 CONTENTS

目 录 CONTENTS

第1章　手机UI设计基本概念

　　手机用户界面是用户与手机系统、应用交互的窗口，手机界面的设计必须基于手机设备的物理特性和系统应用的特性进行合理的设计。手机界面设计是一个复杂的有不同学科参与的工程，其中最重要的两点就是产品本身的UI设计和用户体验设计，只有将这两者完美融合才能打造出优秀的作品。

1.1 关于手机

手机是人们必不可少的生活用品，如今市面上的手机品种可谓多如牛毛，我们可以根据功能的不同将它们大致分为7类。此外，手机的分辨率和色彩级别是两个非常重要的参数，它们关系到UI元素的显示效果。

1.1.1 手机的分类

随着科技和经济的发展，手机的品种和型号多得让人目不暇接，因为手机的界定广泛，种类也有很多不同的分法。而根据手机功能的不同，可以将其大致分为7种类型：商务手机、学习手机、老人手机、音乐手机、视频手机、游戏手机和智能手机，表1-1是对7种手机类型的详细介绍。

表1-1　手机类型介绍

手机类型	特征描述
商务手机	1. 以商务人士或就职于国家机关单位的人士作为目标用户群； 2. 功能完善、强大，运行极其流畅； 3. 能够帮助用户实现快速而顺畅的沟通，高效地完成商务活动
学习手机	1. 在手机的基础上增加了学习功能，以手机为辅，"学习"为主； 2. 主要适用于初中生、高中生、大学生以及留学生使用； 3. 可以随身携带，随时进入到学习状态； 4. 集教材、实用教科书学习为一体，以"教学"为目标
老人手机	1. 手机功能上力求操作简便、实用，例如大屏幕、大字体、大铃音、大按键和大通话音等； 2. 各种软件的结构清晰明了，操作简单。 3. 包括一键拨号、验钞、手电筒、助听器、语音读短信、读电话本和读来电等方便实用的功能； 4. 包含收音机、京剧戏曲和日常菜谱等功能，以提高老年人的生活品质
音乐手机	1. 除了电话的基本功能外，更侧重于音乐播放功能； 2. 具有音质好、播放音乐时间长、有播放快捷键等特点
视频手机	1. 以手机为终端设备，传输电视内容的一项技术或应用； 2. 目前，手机电视业务可以通过3种方式实现。 a 利用蜂窝移动网络实现，例如中国移动和中国联通； b 利用卫星广播的方式实现，韩国的运营商采用这种方式； c 在手机中安装数字电视的接收模块，直接接收数字电视信号
游戏手机	1. 比较侧重于游戏功能和游戏体验； 2. 机身上一般有专为游戏设置的按键，屏幕的品质也很棒
智能手机	1. 除了具备基本的通话功能外，还具备了掌上电脑的大部分功能； 2. 为用户提供了足够大的屏幕尺寸和带宽； 3. 为软件运行和内容服务提供了广阔的舞台，方便用户展开更多的增值业务； 4. 融合3C（Computer、Communication、Consumer）的智能手机将会成为未来手机发展的新方向

1.1.2 手机的分辨率

手机屏幕的分辨率对于手机UI设计而言是一个极其重要的参数，这关系到一套UI在不同分辨率屏幕上的显示效果。目前，市场上较为常见的手机屏幕分辨率主要包括以下6种。

表1-2 常见的手机屏幕分辨率

屏幕类型	特征描述
QVGA	全称Quarter VGA，是目前最常见的手机屏幕分辨率，竖向240×320像素，横向320×240像素，是VGA分辨率的四分之一
HVGA	全称Half-size VGA，大多用于PDA，480×320像素，宽高比为3：2，是VGA分辨率的一半
WVGA	全称Wide VGA，通常用于PDA或者高端智能手机，分辨率分为854×480像素和800×480像素两种
QCIF	全称Common Intermediate Format，用于拍摄QCIF格式的标准化图像，屏幕分辨率为176×144像素
SVGA	全称Super VGA，屏幕分辨率为800×600像素，随着显示设备行业的发展，SXGA+（1400×1050像素）、UXGA（1600×1200像素）、QXGA（2048×1536像素）也逐渐上市
WXGA	WXGA（1280×800像素）多用于13~15英寸的笔记本电脑。WXGA+（1440×900像素）多用于19英寸宽屏；WSXGA+（1680×1050像素）多用于20英寸和22英寸的宽屏，也有部分15.4寸的笔记本使用这种分辨率；WUXGA（1920×1200像素）多用于24~27英寸的宽屏显示器；而WQXGA（2560×1600像素）多用于30英寸的LCD屏幕

1.1.3 手机的色彩级别

手机的色彩级别所指的屏幕颜色实质上即为色阶的概念。色阶是表示手机显示屏亮度强弱的指数标准，也就是通常所说的色彩指数。

目前，市场上彩屏手机的色彩指数从低到高可分为单色、256色、4096色、65536色、26万色和1600万色。其中$256=2^8$，即8位彩色，依此类推……$65536=2^{16}$，即通常所说的16位真彩色。其实65536色已基本可满足我们肉眼的识别需求。

手机的显示内容主要可以分为三类：文字、简单图像（例如简单的线条和卡通图形等）和照片。不同色彩级别屏幕的显示效果截然不同。文字通常只需要很少的颜色就可以正常表现，而色彩细腻丰富的图像则需要色彩级别较高的屏幕才能完美地表现，如图1-1所示。

图1-1 文字与图像的表现

> 提示：在测试手机屏幕的色彩时，可以依据以下3个指标：红绿蓝三原色的显示效果、色彩过渡的表现和灰度等级的表现。

1.2 了解UI设计

用户界面（User Interface，UI）主要包括软件界面和人机交互界面等。用户界面在我们的生活中随处可见,什么是用户界面?什么又是用户界面设计?用户界面主要包括哪些类型?用户界面的设计又有哪些具体的规则和要求?本节将向读者介绍一些用户界面设计相关的基础理论知识。

1.2.1 什么是UI设计

UI(User Interface)即为用户界面。UI设计即为用户界面设计。UI设计主要包括人机交互、操作逻辑和界面美观的整体设计。UI设计是为了满足专业化、标准化需求而对软件界面进行美化、优化和规范化的设计分支,具体包括软件启动界面设计、软件框架设计、按钮设计、面板设计、菜单设计、标签设计、图标设计、滚动条即状态栏设计、安装过程设计、包装及商品化等,如图1-2所示。

图1-2　UI设计

1.2.2 手机UI设计

手机UI设计是手机软件的人机交互、操作逻辑、界面美观的整体设计。置身于手机操作系统中人机交互的窗口,设计界面必须基于手机的物理特性和软件的应用特性进行合理的设计。界面

设计师首先应对手机的系统性能有所了解。

现如今,手机已经成为普通大众的生活必需品,手机的功能也越来越完善,很多高端手机的性能甚至与电脑不分高下。手机界面设计最大的要求就是人性化,不仅要便于用户操作,还要美观大方,图1-3所示为一些成功的手机界面设计作品。

图1-3　手机UI设计

1.2.3 手机UI设计的特点

与其他类型的软件界面设计相比,手机UI设计有着更多的局限性和其独有的特征。这种局限性主要来自于手机屏幕尺寸的局限。这就要求设计师在着手设计制作之前,必须先对相应的设备进行充分的了解和分析。

总体来说,手机界面设计具有以下4个特征。

- 手机界面交互过程不宜设计得太复杂,交互步骤不宜太多。这样可以提高操作便利性,进而提高操作效率。

- 手机的显示屏相对较小,能够支持的色彩也比较有限,可能无法正常显示颜色过渡过于丰富的图像效果,这就要求界面中的元素要尽可能处理得简洁。时下正流行的扁平化风格可谓将这点贯彻到了极致。

- 不同型号的手机支持的图像格式、音频格式和动画格式不一样,所以在设计之前要充分收集资料,选择尽可能通用的格式,或者对不同的型号进行配置选择。

- 不同型号的手机屏幕比例不一致,所以设计

时还要考虑图片的自适应问题和界面元素图片的布局问题。通常来说，制作手机UI界面时首先会按照最常用、最大尺寸的屏幕进行制作，然后分别为不同尺寸的屏幕各切出一套图，这样就可以保证大部分的屏幕都可以正常显示了。

1.2.4　手机UI与平面UI的区别

手机UI的平台主要应用在手机的App客户端上。而平面UI的范围则非常广泛，包括了绝大部分UI的领域。

由于手机UI的独特性，使得很多平面设计师需要重新调整审美观念。比如手机UI通常对尺寸有严格要求，对控件和组件类型有特殊要求等。

通过无数设计师的共同创新和努力，可以使手机的界面设计做到完美。但很多设计师不能够合理布局，不能够把网站设计的构架理念转化到手机界面的设计上。常常会觉得手机界面限制非常多，创意性发挥空间太小，表达的方式也非常有限，甚至觉得很死板。但真实的情况并不是这样，其实通过了解手机的空间有多少，进行合理创意，一样可以完成优秀的UI设计。当然也要注意，手机UI设计受到手机系统的限制，所以在开始设计手机UI时，一定要先确认最终使用的系统。

1.3　手机界面设计的原则

随着科技的不断发展，手机的功能变得越来越强大，基于手机系统相关的软件应运而生。手机设计的人性化已不仅仅局限于手机硬件的外观，手机界面设计的要求也在日渐增长，由于要求越来越高，手机界面设计的规范性就显得尤为重要。

1.3.1　界面效果的整体性和一致性

手机软件运行基于操作系统的软件环境，界面设计基于这个应用平台的整体风格，这样有利

于产品外观的整合。

- 界面的色彩及风格与系统界面统一

软件界面的总体色彩应该接近和类似系统界面的总体色调。一款外观与系统界面不统一的手机，会给用户带来不适感。合理地结合系统界面设计包括图标、按钮的风格及在不同操作状态下的视觉效果。

- 操作流程系统化

因为手机用户的操作习惯是基于系统的，所以在界面设计的操作流程上要遵循系统的规范性，让用户会用手机就会使用软件，简化用户的操作流程。如图1-4所示。

图1-4　界面效果的整体性和一致性

1.3.2　界面效果的个性化

设计时除了要注意界面的整体性和一致性，也要着重突出软件界面的个性化。整体性和一致性是基于手机系统视觉效果的和谐统一考虑的，个性化是基于软件本身的特征和用途考虑的，如图1-5所示。

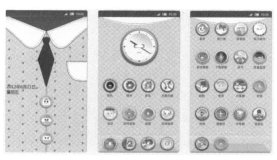

图1-5　界面效果的个性化

- 特有的界面构架

软件的实用性是软件应用的根本。在设计界面时，应该结合软件的应用范畴，合理地安排版式，以求达到美观适用的目的。这一点不一定能

与系统达成一致的标准，但它应该有它的行业标准。界面构架的功能操作区、内容显示区、导航控制区都应该统一范畴，不同功能模块的相同操作区域的元素风格应该一致，使用户能迅速掌握对不同模块的操作，从而使整个界面统一在一个特有的整体之中。

● 专用的界面图标

软件的图标按钮是基于自身应用的命令集设计的，它的每一个图形内容映射的是一个目标动作，因此作为体现目标动作的图标，它应该有强烈的表意性。制作过程中选择具有典型行业特征的图标，有助于用户识别，方便操作。图标的图形制作不能太烦琐，要适应手机显示面积很小的屏幕，在制作上尽量使用素图，确保图形清晰。如果针对立体化的界面，可考虑部分像素羽化，以增强图标的层次感。

● 界面色彩的个性化设置

色彩会影响一个人的情绪，不同的色彩会让人产生不同的心理效应；反之，不同的心理状态所能接受的色彩也是不同的。不断变化的事物才能引起人的注意，界面设计色彩的个性化，目的是通过色彩的变换协调用户的心理，让用户对软件产品时常保持一种新鲜感。

1.3.3 界面视觉元素的规范

● 线条色块与图形图像的结合

界面上的线条与色块后期都会用程序来实现，这就需要考虑程序部分和图像部分的结合。自然结合才能达到界面效果的整体感，所以需要程序开发人员与界面设计人员密切沟通，达成一致。

● 图形图像元素的质量

尽量使用较少的颜色表现色彩丰富的图形图像，既确保数据量小又确保图形图像的效果完好，提高程序的工作效率，如图1-6所示。

图1-6　界面视觉元素

1.4　手机界面设计的流程

手机界面设计流程分为4部分，分别是确认设计对象、绘制设计草稿、完成界面绘制和输出正确格式。下面我们对手机界面设计的流程进行详细的讲解。

1.4.1　确认设计对象

每一个App程序都有一个核心功能。太多的功能除了会给程序的编写带来难度外，也会使用户无所适从。所以在开始设计一个App界面时首先要确认真正的核心内容，然后根据核心内容开始"头脑风暴"，从而获得满意的设计创意。

在设计阶段可以多参看竞争对手的作品，吸收好的创意并加以改善，对一个成功的作品是非常必要的。

设计中最重要的一点就是明确设计对象。首先确定绘制对象属于哪种类型，比如游戏界面、音乐界面、按钮、文本框、进度条等。

在确定设计对象后要确认设计对象应用于哪种操作系统。在现今社会中的主流操作系统有3种，苹果（iOS）操作系统、安卓（Android）操作系统和Windows Phone操作系统。正确的定位是最重要的，正所谓不打无准备的仗。

图1-7所示的图标是应用于苹果（iOS）操作系统的。图1-8是应用于安卓（Android）操作系统的界面。

图1-7　苹果（iOS）界面

图1-8　安卓（Android）界面

1.4.2　绘制设计草稿

确定了设计方案后，可以先完成界面的草图绘制，也就是指用最传统的纸笔绘制初稿，帮助我们在设计初期记录和整理思路。

设计师可以直接在纸上绘制，包含界面中使用的场景、按钮和显示文字等。在iOS中，每一个界面之间的切换方式被称为App功能穿越，在绘制草图时要一起考虑到。

草图绘制完成后，在计算机上按照准确的尺寸绘制出低保真原型。可以采用黑白色、粗糙的线条来绘制，不要在细节上过多纠结。使用铅笔绘制线稿后，将线稿放置在扫描仪上进行扫描，如图1-9所示。

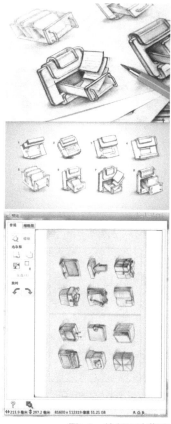

图1-9　绘制设计草稿

1.4.3　完成界面绘制

将扫描后的线稿，置入一些平面设计的工具软件中进行软件绘制。一些视觉设计出身的原型设计人员因为软件使用习惯的原因，会选用Adobe的一些平面和网页设计软件来做原型设计工具，像Photoshop、Illustrator、Flash和3DS Max等，如图1-10所示。

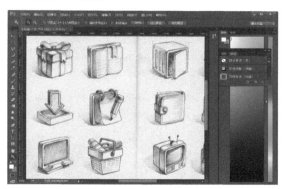

图1-10　软件绘制完成界面

1.4.4 输出正确格式

UI设计的最后一步是输出正确的图片格式。这时就需要UI设计师在最后交出设计图纸时，配合开发人员、测试人员进行裁图。为了便于程序员理解你的设计理念，在提交设计文件时要一起提交一个清晰的设计指南文件。在这个文件中对所有文件的尺寸进行标注说明，尽可能把所有可能遇到的情况给程序员描述清楚。不同的开发人员需要的图片格式不同，设计师需要配合相关的开发人员进行适合正确的、开发员需要的切图保存操作。具体的输出图片格式将在下一节内容中详细讲解。

1.5 图标的格式和大小

图标是具有特殊指代意义的图形，在手机UI界面中的地位非常重要。一枚精美绝伦的图标总是可以轻易地吸引用户点击，对于一款App来说，设计一枚漂亮的图标是绝对有必要的。

图像文件的存储格式主要分为两类，位图和矢量。位图格式包括PSD、TIFF、BMP、PNG、GIF和JPEG等；矢量格式包括AI、EPS、FLA、CDR和DWG等。

1.5.1 PNG、GIF和JPEG格式

手机UI的各种元素通常仅以PNG、GIF和JPEG格式进行存储。

PNG

PNG格式的全称为"可移植网络图形格式"，是一种位图文件存储格式。PNG格式的目的是试图代替GIF和TIFF格式，并增加一些GIF格式所不具备的特征。这种格式最大的特点是支持透明，而且可以在图像品质和文件体积之间做出均衡的选择。下面分别为PNG格式的优缺点。

- 优点：采用无损压缩，可以保证图形的品质。支持256种真彩色。支持透明存储，失真小，无锯齿。体积较小，被广泛应用于网络传输。

- 缺点：不支持动画。在存储无透明区域、颜色极其复杂的图像时，文件体积会变得很大。

GIF

GIF格式的全称为"图像互换格式"，采用一种基于连续色调的无损压缩格式，压缩比率一般在50%左右。GIF格式最大的特点就是可以在一个文件中同时存储多张图像数据，达到一种最简单的动画效果，此外还支持某种颜色的透明显示。下面是GIF格式的优缺点。

- 优点：存储颜色少，体积小，传输速度快。动态GIF可以用来制作小动画。适合存储线条颜色极其简单的图像。支持渐进式显示方式。

- 缺点：只支持256种颜色，很容易造成颜色失真。不支持真彩色或完全的透明。

JPEG

JPEG格式是目前市面上最常使用的存储格式。这种格式以牺牲图像质量为代价，对文件进行高比率的压缩，以大幅降低文件体积。

JPEG格式在处理图像时可以自动压缩类似颜色，保留明显的边缘线条，从而使压缩后的图像不至于过分失真。这种格式的文件不适合用于印刷。下面是JPEG格式的优缺点。

- 优点：利用灵活的压缩方式控制文件大小。可以对写实图像进行高比例的压缩。体积小，广泛应用于网络传输。对于渐进式JPEG文件支持交错。

- 缺点：大幅度压缩图像，降低文件的数据质量。压缩幅度大，不能满足打印输出。不适合存储颜色少、具有大面积相近颜色的区域，或亮度变化明显的简单图像。

图1-11所示为3种格式的图像格式图标。

JPEG图像   PNG图像

GIF图像

图1-11 图像格式图标

1.5.2 其他格式

● BMP格式

BMP格式最早应用于微软公司的Windows操作系统，是一种Windows标准的位图图形文件格式。它几乎不压缩图像数据，图片质量较高，但文件体积也相对较大。

● IFF格式

TIFF格式便于在应用程序和计算机平台之间进行数据交换，是一种灵活的图像格式。这种图像格式是非破坏性的存储格式，占用的存储空间较大。如果图像需要出版印刷，则建议存储为TIFF格式。

> 提示：当重新编辑和保存 JPEG 文件时，JPEG会使混合原始图片数据的质量下降，而且这种下降是累积性的，也就是说每编辑存储一次就会下降一次。

> 提示：这3种图像格式的图标很直观地表现出了各自的特点。JPEG格式适合存储颜色变化丰富的图像；PNG格式支持透明；GIF格式适合存储色彩和形状简单的图形。

1.5.3 图标的大小

众所周知，目前市面上较为常见的手持设备操作系统主要有3种：iOS、Android和Windows Phone，下面分别介绍不同平台上图标和其他重要元素的具体尺寸，如图1-12、图1-13、表1-3和图1-14所示。

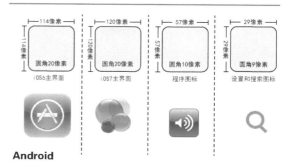

图1-12 iOS系统屏幕图标及其他元素尺寸

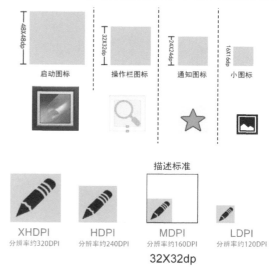

图1-13 Android系统屏幕图标及其他元素尺寸

> 提示：Android系统与iOS系统有一个很大的不同点——Android系统涉及到的手机种类非常多，屏幕的尺寸很难有一个相对固定的参数，所以我们只能按照手机屏幕的横向分辨率将它们大致分为4类：低密度（LDPI）、中等密度（MDPI）、高密度（HDPI）和超高密度（XHDPI），下面是具体参数。

表1-3　Android系统手机屏幕分辨率参数

	低密度LDPI	中等密度MDPI	高密度HDPI	超高密度XHDPI
分辨率	120DPI左右	160DPI左右	240DPI左右	320DPI左右
小屏	240×320		480×460	
普屏	240×400 240×432	320×480	480×800 800×854 600×1024	640×960
大屏	480×800 400×854	480×800 400×854 600×1024		
超大屏	1024×600	1280×800 1024×768 1280×768	1536×1152 1920×1152 1920×1200	2048×1536 2560×1536 2560×1600

Windows Phone

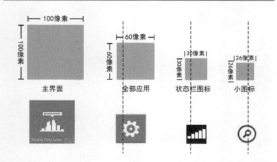

图1-14　Windows Phone系统屏幕图标及其他元素尺寸

> 提示：Windows Phone的主界面允许用户自定义图标大小，但是以100×100像素为基础，图标与图标之间的距离为12像素。

1.6 设计尺寸的单位

设计尺寸的单位有分辨率、英寸、网点密度与屏幕密度。本节将详细为读者介绍这些计量单位的相关内容。

1.6.1 分辨率

分辨率是指单位长度内包含的像素点的数量，它的单位通常为像素/英寸（PPI）。例如分辨率为240×320（像素）的手机屏幕，横向每行有240个像素点，纵向每列有320个像素点，那么

该手机屏一共有320×240=76800个像素点。

在同样大的物理面积内，像素点越多显示的图像越清晰。以三星S5和三星S6来说，它们的屏幕尺寸都是5.1英寸，但是三星S5的分辨率是1920×1080=2073600个像素点；三星S6的分辨率是2560×1400=3584000个像素点，因此，三星S6显示的图像比三星S5要清晰，如图1-15所示。

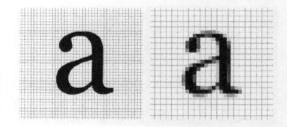

图1-15　手机屏分辨率对比

> 提示：常用的分辨率单位包括以下几种。
> - 像素/英寸（PPI）：适用于屏幕显示。
> - 点/英寸（DPI）：适用于打印机等输出设备。
> - 线/英寸（LPI）：适用于印刷报纸所使用的网屏印刷技术。

1.6.2 英寸

英寸为英制长度单位，1英寸=2.539999918厘米。手机的屏幕尺寸统一使用英寸来计量，其指的是屏幕对角线的长度，数值越高，屏幕越大。

市场上包括手机在内的很多电子产品的屏幕

尺寸均使用英寸为计算单位，这是因为电子产品屏幕尺寸计算时使用的是对角线长度，而业界一般情况下也是将对角线的长度默认为屏幕尺寸的规格。

常见的手机尺寸有3.5英寸、4英寸、4.3英寸、5英寸、5.3英寸等规格。

之所以电子产品的屏幕尺寸计算选用英寸，是因为厂商在生产液晶面板时，多按照一定的尺寸进行切割，为了保证大小的统一，于是采用对角线长度来代表液晶实际可视面积。与此同时，从计算的直观性上来讲，对角线长度计算也比面积计算更加简便，因为对角线测量只需要一步，而面积测量需要分别测量长和宽，如图1-16和图1-17所示。

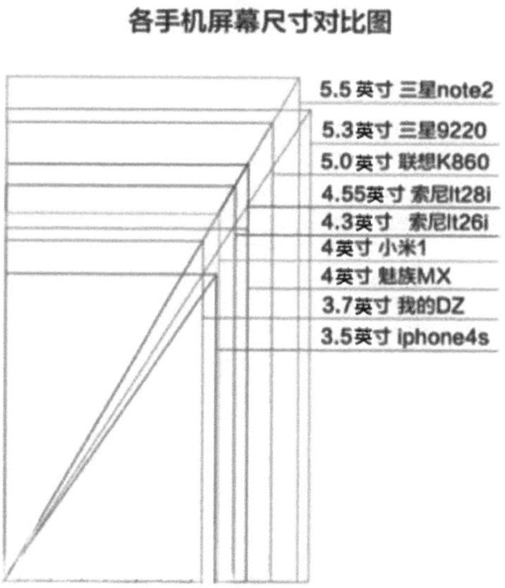

各手机屏幕尺寸对比图

图1-16　手机屏幕尺寸对比

图1-17　常见的手机屏幕尺寸

> 提示：英寸是英国标准长度单位，1英寸≈2.54厘米；寸是中国古代常用长度单位，3寸=10厘米，1寸≈3.33厘米。

1.6.3　网点密度

网点密度=DPI，DPI全称为Dot Per Inch，是指屏幕物理面积内所包含的像素数，通过DPI（每英寸点数）来计量。DPI越高，显示的画面质量就越精细。

> 提示：在手机界面的设计过程中，DPI需要与相应的手机相匹配，因为低分辨率的手机无法满足高DPI图片对手机硬件的要求，显示的效果反而会很不理想。

1.6.4　屏幕密度

屏幕密度，或像素密度，也称为PPI，是Pixels Per inch的缩写，即每英寸屏幕所拥有的像素数量。像素密度越大，显示画面细节就越丰富。

屏幕密度的计算方法如图1-18所示。

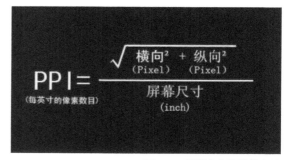

$$PPI_{(每英寸的像素数目)} = \frac{\sqrt{横向^2_{(Pixel)} + 纵向^2_{(Pixel)}}}{屏幕尺寸_{(inch)}}$$

图1-18　屏幕密度的计算方法

例如，iPhone 6的屏幕物理尺寸为4.7英寸，分辨率为1334×480（像素），它的屏幕密度$PPI=\sqrt{(1334^2+750^2)}/4.7=325.612\cdots\cdots\approx326$。

现在市售的大屏幕手机普遍分辨率都只停留在854×480（像素）的水平，同样的分辨率，屏幕越大，像素点之间的距离越大，屏幕就越粗糙。所以大屏幕也不一定能带来良好的视觉感受。

实践证明，PPI低于240的屏幕让人的视觉可以察觉有明显的颗粒感。PPI高于300则无法察觉。理论上讲超过300PPI才没有颗粒感。比如iPhone 4是3.5英寸，分辨率是960×640（像素），屏幕密度为326PPI。屏幕的清晰程度其实是由分辨率和尺寸大小共同决定的，用PPI指数衡量屏幕清晰程度更加准确。

下面为读者列出几款手机的PPI值。

iPhone 5是4.0英寸，分辨率为1136×640（像

素），屏幕密度为326PPI；

Galaxy S3是4.8英寸，分辨率为1280×720（像素），屏幕密度为306PPI；

Galaxy NoreII是5.5英寸，分辨率为1280×720（像素），屏幕密度为267PPI；

Blade V880是3.5英寸，分辨率为480×800（像素），屏幕密度为266PPI；

OPPO Finder X909是5.0英寸，分辨率为1920×1080（像素），屏幕密度为441PPI。

联想K860是5.0英寸，分辨率为1280×720（像素），屏幕密度为294PPI。

1.7 常用软件工具

比较常用的手机UI设计软件有Photoshop、Illustrator、Flash和3DS Max等。这些软件各有优势和特征，可以分别用来创建UI中的不同部分。此外Iconcool studio和Image Optimizer等小软件也可以用来快速创建和优化图像。

1.7.1 Photoshop

Photoshop是由Adobe公司开发的一款图像处理软件，主要处理由像素构成的数码图像，在市面上非常受欢迎。Photoshop的软件界面主要由5部分组成：工具箱、菜单栏、选项栏、面板和文档窗口，如图1-19所示。

当前还没有专业用于做界面设计的软件，因此绝大多数设计者使用的都是Photoshop。

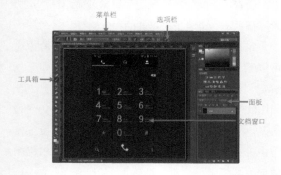

图1-19　Photoshop软件界面

1.7.2 Illustrator

Illustrator是Adobe公司开发的一款矢量绘图软件，主要应用于印刷出版、矢量插画、多媒体图像处理和网页的制作等。

与Photoshop的界面布局方式一样，Illustrator的界面同样由5部分组成：菜单栏、选项栏、工具箱、文档窗口和面板，如图1-20所示。

Illustrator最大的特点就是可以绘制出高精度的线条和图形，适合生成任何小尺寸图像或大型的复杂项目。

图1-20　Illustrator软件界面

1.7.3 Flash

Flash是由Adobe公司开发的一种比较常用的动画软件，它被广泛应用于广告制作、动画短片、电视动画和网页设计等多个领域。Flash的软件界面主要由6部分组成：菜单栏、编辑栏、舞台、"时间轴"面板、工具箱和浮动面板，如图1-21所示。

图1-21　Flash软件界面

1.7.4 3DS Max

3DS Max是Autodesk公司推出的一款基于PC系统的三维动画渲染和制作软件，被广泛应用于广告、影视、工业设计、建筑设计、三维动画、多媒体制作、游戏和辅助教学等领域。图1-22所示为3DS Max的操作界面。

3DS Max的制作流程非常简洁高效，即使是新手也可以很快上手。只要掌握了清晰的操作思路，就可以很容易的建立起一些简单的模型。

若使用其他的二维绘图软件制作一套写实风格的图标可能很麻烦，但如果使用3DS Max很快就可以完成。

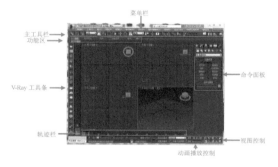

图1-22 3DS Max软件界面

1.7.5 Iconcool studio和Image Optimizer

- Iconcool studio

Ioncool studio是一款非常简单的图标编辑制作软件，里面提供了一些最常用的工具和功能，例如画笔、渐变色、矩形、椭圆和选区创建等。此外它还允许从屏幕中截图以进行进一步的编辑。Iconcool studio的功能简单，操作直观简便，对Photoshop和Illustrator等大型软件不熟悉的用户可以使用这款小软件制作出比较简单的图标，如图1-23所示。

图1-23 Iconcool studio软件界面

- Image Optimizer

Image Optimizer是一款图像压缩软件，可以对JPG、GIF、PNG、BMP和TIFF等多种格式的图像文件进行压缩。该软件采用一种名为MagiCompress的独特压缩技术，能够在不过度降低图像品质的情况下对文件体积进行减肥，最高可减少50%以上的文件大小，如图1-24所示。

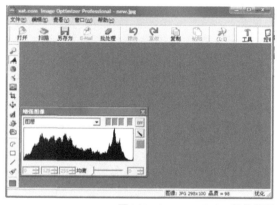

图1-24 Image Optimizer软件界面

1.8 本章小结

本章主要介绍了关于手机上的基础知识，手机UI设计相关的理论知识，还讲解了绘制手机界面的基本流程和设计中需要用到的软件等内容。经过本章的学习，使读者能够熟悉掌握图片的格式和大小及相关的设计流程。

练习题

一、填空题

1．个性化是基于软件本身的（　　）和（　　）考虑的，界面效果个性化是具有（　　）、（　　）和界面色彩的个性化设置。

2．图像文件的存储格式主要可以分为（　　）和（　　）两类。位图格式包括（　　）、TIFF、（　　）、GIF、（　　）和JPEG等；矢量格式包括（　　）、FLA、EPS、CDR和（　　）等。

3．手机界面设计分为（　　）、（　　）、完成界面绘制和（　　）4步流程。

4．（　　）、（　　）和（　　）是最常见的3种手持设备操作系统。

5．（　　）、英寸、网点密度与（　　）是（　　）的单位。

二、选择题

1．（　　）格式的图片适合存储色彩和形状简单的图形。

A．PNG　B．GIF　C．TIFF　D．JPEG

2．手机UI的各元素会以（　　）、（　　）和（　　）格式进行存储。

A．PNG、BMP和JPEG

B．PNG、GIF和JPEG

C．PNG、DWG和TIFF

D．TIFF、DWG和JPEG

3．Android启动图标的尺寸为（　　），ios程序图片的尺寸为（　　），Windows Phone状态栏图标的尺寸为（　　）。

A．100×100、32×32和30×30

B．48×48、57×57和30×30

C．48×48、57×57和32×32

D．48×48、57×57和29×29

4．（　　）适用于屏幕显示，（　　）适用于打印机等输出设备，（　　）适用于印刷报纸所使用的网屏印刷技术。

A．像素/英寸、线/英寸、点/英寸

B．像素/英寸、点/英寸、线/英寸

C．像素/英寸、线/英寸、线/英寸

D．线/英寸、点/英寸、线/英寸

5．（　　）的主界面允许用户自定义图标大小，但是以100×100像素为基本节奏，图标与图标之间的距离为（　　）像素。

A．Android、14

B．Windows Phone、12

C．iOS、12

D．iOS、14

三、简答题

手机界面设计的原则是什么？从界面效果的整体性、一致性、界面效果的个性化界面元素3个方面进行分析。

第2章 常见的手机系统

目前，市面上较为流行的移动设备操作系统有3种：iOS、Android和Windows Phone。此外还有Black Berry和Symbian等比较小众的操作系统。

说起移动设备就不得不说App（应用程序），它可以说是智能手机和平板等设备的命脉。iOS、Android和Windows Phone都有属于自己的应用商店，用户可以根据自己的需求和喜好选择不同类型的App进行下载和安装，掌握更多的信息和内容。

2.1 苹果系统（iOS）

iOS系统是iPad、iPhone和iPod touch等苹果手持设备的操作系统，最新的版本是2015年9月16日发布的iOS 9系统。iOS系统的操作界面极其美观，而且简单易用，受到全球用户的广泛喜爱。用户可以使用Xcode、InterFace Builder和iOS模拟器3个软件来开发自己的iOS应用程序。

图2-1　iOS系统界面

2.1.1　iOS界面特色

iOS（iphone Operation System）是由苹果公司开发的一款手持设备操作系统。iOS系统的操作界面精致美观、稳定可靠、简单易用，受到了全球用户的青睐。

该系统最初是设计给iPhone手机使用的，不过目前已经陆续套用到iPod touch、iPad以及Apple TV等苹果产品上。iOS系统具有简单易懂的界面、令人惊叹的功能，以及超强的稳定性，这些性能已经成为iPhone、iPad和iPod touch的强大基础。如图2-1所示。

iOS系统的界面可以用一个词来形容，那就是简约。当然，它的这种简约更多的是为了方便用户使用，之所以iPhone有如此庞大的用户群，而且几乎覆盖了各个年龄层段，就是因为即使没用过iPhone的人也可以很快上手。还有就是iOS的所有软件图标都位于桌面，并不存在专门放置程序的界面，这样更加便于操作，同时其所有图标都采用了同样的尺寸和样式，看起来更加整齐。虽然有着易用的特点，但是iOS毕竟是苹果独有的封闭系统，如果苹果不改变，其系统界面将一直保持这种状态，最多也就能通过主题来进行美化，对一部分人来说，时间长了难免会有些审美疲劳。

2.1.2　iOS的基础UI组件

iOS系统的界面由大量的组件构成，只要掌握了不同组件的特征和制作方法，就可以非常容易的制作出完整的界面，图2-2所示为iOS系统部分组件的图示效果。标准的iOS7系统界面的组件主要包括以下内容。

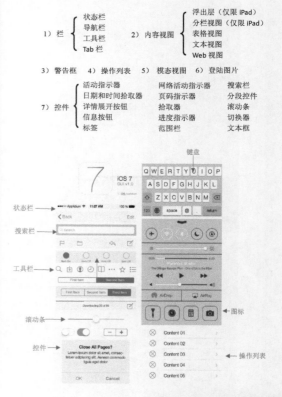

图2-2　iOS 7系统界面组件

2.1.3　iOS开发工具

使用各种平面设计软件临摹一款iOS界面或许是件非常容易的事，尤其是采用了半扁平化风格的iOS 7界面。但要作为一名程序员，真正开发一套完整可用的App界面，却是一项复杂的工作。选择通用的基础性开发工具和资源能够有效的帮助程序员完成iOS的开发和搭建。iOS常用的开发工具主要有3个：Xcode、InterFace Builder和iOS模拟器。

Xcode

Xcode是苹果公司的开发工具套件，支持项目管理、编辑代码、构建可执行程序、代码级调试、代码的版本管理和性能调优等功能。Xcode主要用于开发iOS应用，需要在Mac OSX操作系统上运行。这个套件的核心是Xcode应用本身，它提供了基本的源代码开发环境。图2-3和图2-4所示为Xcode的界面。

图2-3　Xcode界面

图2-4　Xcode开发工具

InterFace Builder

Interface Builder允许用户通过拖曳需要的组件到程序窗口中进行"组装"来制作完整的界面。组件中包含标准的iOS系统控件，如各类开关、滑动条、文本框和按钮等，还有定制的视图来表示程序提供的视图。

在窗口中放置所需组件后，拖曳它们可以调整位置。此外还可以使用"观察器"修改每个对象的属性，或者建立对象和代码之间的联系。图2-5所示为Interface Builder的界面。

图2-5　Interface Builder界面

iOS模拟器

iOS模拟器提供了在苹果电脑上开发iOS产品时的虚拟设备。部分功能可以在模拟器上直接进行调试，但无法支持GPS定位、摄像头和指南针等与硬件设备有直接关系的功能。图2-6所示为iOS模拟器的测试界面。

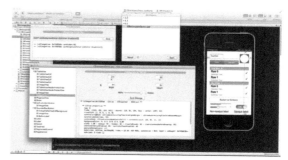

图2-6　iOS模拟器测试界面

2.1.4 iOS的设备

在当今社会，苹果系统已经占领大部分市场。纵观苹果系统的发展，iMac、MacBook、iphone、Watch、iPad和iPod这6大设备的推出对世界产生了重大影响，其中iphone、iPad和iPod都是采用了iOS系统。

iPhone

iPhone于2007年1月9日上市，该设备备于同年6月29日在美国当地时间18时正式开始销售。iPhone开创了移动设备软件尖端技术的新纪元，重新定义了移动电话的功能。图2-7所示为最初的

iPhone与如今的iPoene 6Puls和iPhone 6的外观。

图2-7 iPhone系列手机外观

iPad

2010年1月27日宣布推出平板电脑iPad，该设备在上市的第一天就售出了30万台。这款设备的定位介于智能手机iPhone和笔记本电脑之间，与iPhone布局一样，提供浏览互联网、收发电子邮件、浏览电子书、播放音频视频和玩游戏等功能。

输入方式多样、移动性能好的iPad，由于不再局限于键盘和鼠标的固定输入方式，无论是站立还是在移动中都可以进行操作，能够带给用户酣畅淋漓的操作体验。图2-8所示为不同版本iPad的外观。

iPad Air · iPad mini

图2-8 不同版本iPad的外观

iPod

iPod touch是一款由苹果公司推出的便携式移动产品，属于iPod系列的分支，可以看做是iPhone的精简版。2007年，当时的苹果公司CEO——斯蒂夫·乔布斯在发布iPod touch的时候，曾经这样评价这个全新的苹果产品："iPod touch is an iPhone without a Phone."，可以这样理解，iPod touch是一台没有电话服务功能的iPhone。但它可以使用Wi-Fi接入无线网络，拥有

和iPhone一样的上网体验，iPod touch可以通过苹果皮实现打电话和短信功能。如图2-9所示。

图2-9 便携式iPod touch

2.1.5 iOS 8与iOS 9

2015年8月iOS 9正式发布，相比iOS 8来说，iOS 9只是在原有的功能上进行了更新和优化，下面就来详细对比iOS 9有哪些功能不同于iOS 8。

Siri

iOS 9的重大改进之一就是Siri。新的人工智能助手变得更加丰富多彩，而且能够在更多场景中大显身手。简单地说，新的Siri界面更加像是在和人交流，而且可以查询更多在iOS 8上无法问到的主题内容。例如包括"帮我找到我去年10月份去旅游的照片"，或者让其在Apple Music中"告诉我1995年的歌曲排行榜"等，如图2-10所示。

图2-10 Siri

iOS 9上的 Siri更加聪明，如同个人的私人助理一般。它还具有帮用户查找某个照片或视频，又或者让它提醒用户记得看完网上的某篇文章的功能，而在iOS 8上，Siri 基本上是一个无记忆的机器人，甚至不会记得用户前面说过的几句话。

除此之外，iOS 9 上，Siri 还具有预测功能，它能够根据用户所在的时间、地点、打开的App和连接的设备等，来预测用户的下一步行动。例如，当 iPhone 连接至自己的耳机到汽车时，它将向用户建议最近播放过的某个播放列表中的音乐；当早上拿起 iPhone 的时候，它会根据用户的日常习惯向用户建议要打开的App；当在日历App的某个事件中添加了地址时，iPhone会提醒用户该出发的时间，甚至是将实时路况都考虑在内。

Spotlight搜索

在iOS 9上Spotlight 成为了更智能的搜索引擎，只要通过键盘输入文字搜索，就能够将相关的信息呈现出来，如图2-11所示。

图2-11 Spotlight

与 iOS 8 不同的地方在于，iOS 9的Spotlight整个界面也进行了改进，时刻都在向用户推荐最近通话过的联系人和使用过的应用程序，以及用户感兴趣的去处。另外，它还支持直接搜索比分、赛事日程、电影、单位转换和应用内信息等，这些在 iOS 8的系统上是完全做不到的。

Apple Pay

苹果在 iOS 9的升级中还是对 Apple Pay 服务

进行了一定的改进。与 iOS 8的相同之处在于，该服务仍然只支持 iPhone 6和 iPhone 6 Plus，还有 Apple Watch，如图2-12所示。

> 提示：Apple Pay，是苹果公司在2014苹果秋季新品发布会上发布的一种基于NFC的手机支付功能。

图2-12 Apple Pay

在美国地区，越来越多的知名品牌都已支持使用 Apple Pay来付款，几乎所有信用机构都将接受使用 Apple Pay。对比 iOS 8，iOS 9上支持接受使用 Apple Pay 的商户将超过 100 万。

还有一点区别，iOS 9 上 Passbook 应用程序将更名为 Wallet(钱包)，用于存放信用卡、借记卡、积分卡、登机牌和票券等。

地图

在苹果发布 iOS 8 时，地图应用程序并没有任何重大升级，只是小幅调整，而且还存在将用户导航到沟里去这样的错误发生。而iOS 9 情况大为改善，增加了最新的公共交通路线导航服务Transit，如图2-13所示。

图2-13　Transit

> 提示：公共交通路线导航服务Transit，在iOS 9中是一个显著的提升，比如随时获取公交、火车、地铁、轮渡等公共交通工具的线路导航和实时位置等，还有利用Transit 快速找到出站口和进站口，指导用户快速进出车站。这些功能在iOS 8上并不支持，而且在中国，Transit方式适用于超过300个城市。

备忘录

在 iOS 8 上，备忘录这个应用程序，基本上只有文本编辑功能，十分单一。而在 iOS 9 上，新增了很多实用的功能，任何内容几乎都可以添加到备忘录中，例如支持启用相机来添加照片、可以添加购物清单列表，还可以直接添加手动画图，Safari、地图及其他应用程序中的内容都可以直接添加至备忘录中，如图2-14所示。

图2-14　备忘录

iPad 专属升级

苹果在 iOS 9 中加入了几个特备针对 iPad 改

进的布局改进和新功能。

首先是 iOS 8 完全不具备的 QuickType 的改进，对于手持大屏幕 iPhone 6 Plus 和 iPad 的用户，在横屏模式下都将受益于这个新功能，如图2-15所示。

> 提示：当用户用两根手指触摸这一键盘时，键盘将变为触摸板，从而便于鼠标操作。QuickType 键盘增加了一个让输入和编辑都更方便的全新 Shortcut Bar 快捷工具栏，写东西的时候复制、剪切和粘贴更效率也更加得心应手，于此同时还能利用相机快速插入拍摄的图，或者插入附件，更改文字格式。

更重要的是，在 iPad Air 2上，iOS 9 新增加了 Picture in Picture、Slide Over 和 Split View 单屏多任务功能。

Picture in Picture（画中画）熟悉三星高端设备的用户应该都清楚，这是一个让视频独立悬浮播放的功能。Slide Over是快速打开第二个App的快捷栏，Split View则是单屏双任务视图，如图2-16所示。

图2-15　QuickType

图2-16　Split View

电池续航

在 iOS 8 上，苹果没有设计任何省电模式，所以作为用户需要自己手动执行一些省电操作，例如关闭数据流量、关闭 Wi-Fi 和蓝牙和清理多任务等，以尽量节省电量。

全新的 iOS 9 中，苹果引入了一个名为"低功耗模式（low power mode）"的功能。在该模式下 iOS 9 可让设备延长 3 小时的续航。

这个"低功耗模式"无需手动开启，它会在低电量时自动启用。正常情况下，运行 iOS 9 的 iPhone 6 能多 1 小时使用续航。相比 iOS 8 而言，iOS 9 大幅改善了电池的使用续航。

默认情况下，iOS 的电量指示是没有百分数的，但是当我们将 iOS 9 中的低电量模式打开的时候，除了电量指示器变为黄色之外，还自动开始显示电量剩余百分比。每当用户开启低电量模式时，自动开启的剩余电量百分比无疑是在最恰当的时候给用户显示最有用的信息，如图2-17所示。

图2-18 位置服务

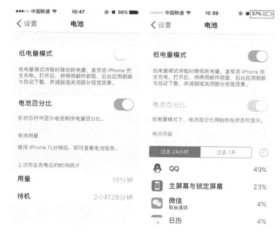

图2-17 电池

根据地理信息自动估算行程时间

在 iOS 8 的日历中，当我们需要确定事件的行程时间时，总需要通过已有经验甚至是其他地图类辅助软件来对其进行估算。而在iOS 9中，得益于增强的原生系统地图，用户只需填写好出发的位置，系统便会自动计算出行程所需时间。如果当前所在地即为出发点，用户甚至无需输入，GPS所采集的当前位置信息将会自动填入，如图2-18所示。

链接的分享选项

当用户单击Safari中的地址栏，并选择URL，就会看到iOS 9的分享按钮中增添了替换选项，如图2-19所示。

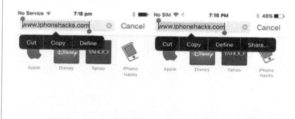

图2-19 链接的分享

快速切换图片及视频

在 iOS 9 的照片应用中新加入了快速滚动切换内容的控件。这样，我们便能在不返回缩略图列表的情况下快速对图片进行预览切换，如图2-20所示。

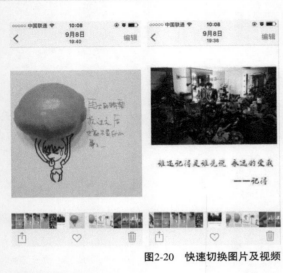

图2-20　快速切换图片及视频

快速返回

快速返回是指在一个程序中有消息弹出，单击查看后，再次单击左上角的返回按钮，能够快速返回之前应用的程序当中，如图2-21所示。

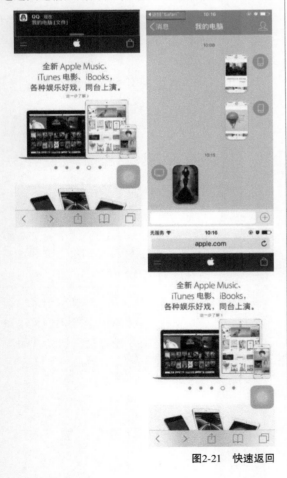

图2-21　快速返回

2.2 安卓系统（Android）

Android是一种基于Linux的操作系统，主要被用于智能手机和平板电脑。由Google公司和开放手机联盟合力开发。

Android操作系统最初由Andy Rubin开发，主要支持手机。2005年8月由Google收购注资。2007年11月，Google与84家硬件制造商、软件开发商及电信运营商组建开放手机联盟共同研发改良Android系统。其后于2008年10月，第一部Android智能手机上市了，如图2-22所示。

图2-22　Android智能手机

目前Android系统已经逐渐扩展到平板电脑及其他领域，如电视、数码相机和游戏机等，如图2-23所示。2011年第一季度，Android在全球的市场份额首次超过塞班系统，跃居全球第一。2014年11月数据显示，Android占据全球智能手机操作系统市场52.4%的份额，中国市场占有率为80%。

图2-23　Android系列产品

2.2.1 Android优势

Android 和iOS同为市面上较受欢迎的移动设备操作系统，Android 具有开放性、丰富的硬件和方便开发等优势。

- 开放性：Android 平台是完全开放的，允许任何移动终端厂商加入进来。随着用户和应用的日益丰富，Android 将会日益成熟。
- 丰富的硬件：由于Android 的开放性，众多的厂商会推出各种功能各异的产品，但这些功能和特色不同的设备并不会影响到数据的同步和软件的兼容性。
- 方便开发：Android平台提供给第三方开发商一个十分宽松的环境，所以会有很多新颖、有趣的软件诞生。
- Google应用：Google有着很长时间的发展历程，而Google的各种服务已然成为连接用户和互联网的重要纽带，Android平台手机将可以完美的使用这些服务。

2.2.2 Android界面特色

如果说iOS的界面是简约，那么Android就显得有点简单。当然，这也与其开源系统的身份有些相符，不拘一格的"性格"使得其图标可以采用任意图案、形状。与之前不同的是，其屏幕下方的按键由四个变为三个，而且程序切换也由纵向滑动变为了横向滑动，当然这仅是针对原生系统而言，如图2-24所示。

图2-24 Android个性界面

Android最大的优势就在于厂商、开发者、用户可以对界面进行美化，几乎每个厂商对旗下的Android手机界面都做了一定优化，例如HTC的Sense界面，这也是开源系统的优势。

2.2.3 Android的基础UI组件

和iOS系统一样，Android系统也有一套完整的UI界面基本组件。在创建自己的App，或者将应用于其他平台的App移植到Android平台时，应该记得将Android系统风格的按钮或图标换上，以创建协调统一的用户体验，图2-25所示为Android系统部分组件的效果。

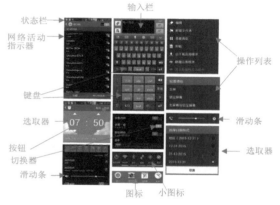

图2-25 Android功能界面

2.2.4 关于深度定制系统

从Google发布Android开始，到现在Android系统逐步走向成熟，越来越多的厂商加入了Android的阵营，让更多的人体验到了智能手机的魔力。但也正是如此，手机系统同质化现象异常严重，我们手中拿的手机和其他人用的几乎没有任何区别，审美疲劳的我们很难体验到产品的魅力所在。

为了能为用户打造不一样的Android体验，一些厂商对Android系统进行深度定制，在保障了Android系统优点的同时，还能突出各自产品的特色，例如魅族Flyme、MIUI、华为Emotion UI、乐OS、OPPO等。

魅族Flyme

从M8时代，魅族就将WinCE系统深度定制，并且得到了微软的称赞。在M9/MX的Android时代，魅族推出全新的Flyme系统也广受业界好评，如图2-26所示。

当然魅族MX四核强大的不仅在于定制系统，产品本身硬件也是颇为强悍，在配置方面，魅族MX四核16GB搭配了基于32nm制造工艺Cortex-A9的MX5Q四核处理器，功耗发热相对上一代产品有了大幅度的降低；该处理器的强悍性能使四核MX播放1080P高清视频毫无压力，为用户带来震撼的视觉盛宴，同时1700mAh的超大电池容量，令手机拥有出色的续航能力。

图2-26　Flyme界面

MIUI

大家最初认识小米是从MIUI系统开始的，从2010年8月首个内测版发布至今，MIUI已经拥有600万的用户，使用者遍布世界各地。2012年8月16日在小米新品发布会上，雷军宣布MIUI 正式命名为"米柚"，时下最热销的小米4搭载最新的MIUI V6操作系统，如图2-27所示。

图2-27　MIUI V6界面

华为Emotion UI

在2012年7月，华为在北京正式发布了自家定制系统Emotion UI。

Emotion UI是基于Android 4.0而开发的自定制系统，主打"简单易用、功能强大、情感喜爱"，号称最具情感的人性化系统。相对于源生Android系统来说，Emotion UI更加美观和人性化。Emotion UI着重用户体验，采用合一的自定义桌面、适合用户不同状况的多种情景模式及贴身打造的个性化主题。此外，Emotion UI整合了包括天天聊、天天电话等应用，还内置了中文语音小助手、Message+以及华为自家的Cloud+云服务，如图2-28所示。

图2-28 Emotion UI界面

乐OS

联想的乐OS系统相信给不少用户留下了深刻的印象，独特的四叶草界面将通话、短信、即时聊天、电子邮件等最常用的工具整合在一起，成为联想乐Phone手机一种特有标识，联想最新VIBE Shot就是采用的乐OS系统。

乐OS系统拥有强大的多任务处理能力、便捷无线AP应用、商务邮件推送等功能；并整合了乐安全、乐同步、乐语音等自家应用程序，不管是使用体验还是手机安全都为用户考虑的十分全面，如图2-29所示。

图2-29 乐OS功能界面

OPPO

北京时间2013年9月23日晚，国产智能手机品牌OPPO在北京奥雅会展中心举办了"OPPO N1"新品发布会，在本次发布会上，OPPO不仅推出全球首款旋转摄像头智能手机N1，同时还发布了基于Android深度定制的移动操作系统——ColorOS。

ColorOS是基于Android4.1以上版本深度定制的操作系统，它借助OPPO一套完整的手势操作定义——Quick Reach，"快"是用户体验ColorOS最直观的一个感受。Quick Reach手势定义包括黑屏手势、多指操作和全局手势板，让用户无论是黑屏、亮屏还是任何其他的使用场景，都能进行快速的手势操作，非常方便。ColorOS的界面设计从生活出发，崇尚一种精致、优雅的格调，通过对质感和细节的刻画，体现出ColorOS的至美气质，如图2-30所示。

图2-30 ColorOS功能界面

图2-30　ColorOS功能界面（续）

2.3 Windows Phone操作系统

　　Windows Phone是微软公司发布的一款手机操作系统，该系统将微软旗下的Xbox Live游戏、Xbox Music音乐与独特的视频体验整合至手机中。

2.3.1　了解Windows Phone

　　2010年10月，微软公司正式发布了智能手机操作系统Windows Phone，同时将Google公司的Android系统和苹果公司的iOS系统列为主要竞争对手。2011年2月，诺基亚与微软达成全球战略同盟并深度合作共同研发，如图2-31所示。

图2-31　Windows Phone手机外观界面

2.3.2　Windows Phone 7与Windows Phone 8系统

　　与iOS和Android不同，Windows Phone的桌面图标更加突出信息的展示，桌面上的大方块图标是之前Zune的招牌设计——Live Tiles（活动瓷片）。

　　Windows Phone7的界面就显得"简陋"许多，黑白纯色背景搭配两列纯色块图标构成了Windows Phone7的主界面。WP7界面也有其局限性：一是对文件夹管理支持不完美；二是主界面图标占用空间过大，导致每屏只能显示8个图标。

　　2012年6月21日，微软正式发布最新手机操作系统Windows Phone 8，目前微软发布该系统的最新版本Windows Phone 8，其采用和Windows 8相同的内核，图2-32所示为Windows Phone 7和Windows Phone 8对比。

图2-32　Windows Phone 7与Windows Phone 8对比

2.3.3　Windows Phone 8系统特色

- 增强的Windows Live体验，包括最新源订阅以及横跨各大社交网站的Windows Live照片分享等等。

- 更好的电子邮件体验，在手机上通过Outlook Mobile直接管理多个帐号，并使用Exchange Server进行同步。

- Office Mobile办公套装，包括Word、Excel、

PowerPoint等组件。

- 在手机上使用Windows Live Media Manager同步文件，使用Windows Media Player播放媒体文件。
- 重新设计的Internet Explorer手机浏览器，支持Android Flash Lite。
- 应用程序商店服务Windows Marketplace for Mobile和在线备份服务Microsoft My Phone也已同时开启，前者提供多种个性化定制服务，比如主题。

动态磁贴

Live Tile是出现在WP一个新的概念，这是微软的Metro概念，与微软已经中止的Kin很相似。Metro是长方图形的功能界面组合方块，是Zune的招牌设计。Metro UI要带给用户的是glance and go的体验。即使WP7是在Idle或Lock模式下，仍然支持Tile更新。Mango中的应用程序可以支持多个Live Tiles。在Mango更新后，Live Tile的扩充能力会更明显，Deep Linking既可以用在Live Tiles上也可以用在Toast通知上。Live Tile只支持直式版面，也就是将手机横拿着，Live Tile的方向仍不会改变。

中文输入法

Windows Phone的中文输入法继承了英文版软键盘的自适应能力，可以根据用户的输入习惯自动调整触摸识别位置。如果用户打字要是总偏左，所有键的实际触摸位置就会稍微往左挪一些，反之亦然。

Windows Phone的自带词库非常丰富，各种网络流行词和方言化词汇应有尽有。

更值得一提的是，在系统自带的中文输入法中，用户不需要输入任何东西就可以选择"好"、"嗯"、"你"、"我"、"在"等常用词汇。

最后，Windows Phone的输入法包括全键盘、九宫格、手写等三种模式供选择，现在的输入法甚至已经支持五笔输入，如图2-33所示。

图2-33　Windows Phone中文输入

语言支持

2010年2月发布时，Windows Phone 只支持五种语言英语、法语、意大利语、德语和西班牙语。Windows Phone Store 在200个国家及地区允许购买和销售应用程序：主要有澳大利亚、奥地利、比利时、加拿大、法国、德国、香港、印度、爱尔兰、意大利、墨西哥、新西兰、新加坡、西班牙、瑞士、英国和美国，如图2-34所示。

图2-34　Windows Phone语言支持

人脉

People Hub虽然被称作"人脉"，但其基本功能就相当于传统意义上的"联系人"，只不过功能强化了几十倍，不但带各种社交更新，还实时云端同步。

同步管理

Windows Phone的文件管理方式类似于iOS，通过一款名为Zune的软件进行同步管理。用户可以通过Zune为手机安装最新的更新，下载应用和游戏，或者在计算机和手机之间同步音乐、图片和视频等数据。

Office

在Windows Phone中，"Office"中心负责管理所有的Microsoft Office应用程序和文档文件。Microsoft Office Mobile让用户可以在Windows Phone和个人电脑版本的Microsoft Office间互相操作。其中的应用程序包括了Word、Excel、PPT、OneNote以及SharePoint Workspace等，它们支持多数的Microsoft Office文件格式，并能够直接在Windows Phone设备上查看或编辑。用户可以通过"Office"中心访问来自SkyDrive、Office 365以及设备上存储的文档文件。

2.3.4 Windows Phone的基础UI组件

图2-35所示为Windows Phone系统部分组件的图示效果。

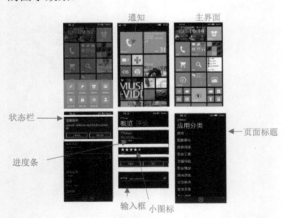

图2-35　Windows Phone系统功能界面

2.4 其他系统

除了iOS、Android和Windows Phone 3种较为常见的手持设备操作系统之外，还有以安全性著称的黑莓和曾经的智能手机系统之王塞班。这是两种比较小众的操作系统。下面分别对这两种操作系统进行简单的介绍。

2.4.1 Symbian操作系统

Symbian系统是由塞班公司专为手机而设计的操作系统。2008年12月，塞班公司被诺基亚收购，所以Symbian系统也成为了诺基亚手机的专用系统，如图2-36所示。

图2-36　Symbian系统手机

2011年12月，诺基亚官方宣布放弃塞班品牌。由于缺乏新技术支持，塞班的市场份额日益萎缩。截至2012年2月，塞班系统的全球市场占有率仅为3%，中国市场占有率则降至2.4%。2012年5月，诺基亚宣布，彻底放弃继续开发塞班系统，取消塞班Carla系统的开发，但是服务将一直持续到2016年。

2013年1月，诺基亚宣布，今后将不再发布塞班系统的手机，意味着塞班这个智能手机操作系统最终迎来了谢幕。

2.4.2 黑莓系统

"黑莓"BlackBerry是美国市场占有率第一的智能手机，这得益于它的制造商RIM(Research in Motion)较早地进入移动市场并且开发出适应美国市场的邮件系统。

BlackBerry开始于1998年，RIM的品牌战略顾问认为，无线电子邮件接收器挤在一起的小小的标准英文黑色键盘，看起来像是草莓表面的一粒粒种子，就起了这么一个有趣的名字。

BlackBerry在美国之外的影响微乎其微，我国最近已经在广州开始与RIM合作进行移动电邮的推广试验，不过目前看来收效甚微。大家都知道，我国对于电子邮件的依赖并不像美国人那么强，他们在电子邮件里讨论工作、安排日程，而我们则更倾向于当面交谈。可以说BlackBerry在中国的影响几乎为零，除了它那经典的外形。

优点：Blackberry与桌面PC同步堪称完美，大家都知道BlackBerry的经典设计就是宽大的屏幕和便于输入的QWERTY键盘，所以BlackBerry一直是移动电邮的巨无霸。

Blackberry公司的主要产品为手持通讯设备，如图2-37所示。该公司第一款手机产品的型号为RFF91LW，支持AT&T的LTE网络和GSM频段，同时该手机也支持一些国际频段。

图2-37　Blackberry手机外观

2.5　本章小结

本章主要介绍了苹果系统（iOS）、安卓（Android）和Windows Phone3种占据主流的手机操作系统，分别从系统的发布到现今的不断更新、系统的基本组件及系统的应用等进行了讲解。同时也对黑莓系统和塞班系统作了简单的介绍。

练习题

一、填空题

1．（ ）、（ ）和Windows Phone是市面上较为流行的移动设备操作系统。此外还有（ ）和Symbian等比较小众的操作系统。

2．（ ）是一种基于Linux的操作系统，主要被用于智能手机和平板电脑。由Google公司和开放手机联盟合力开发。

3．深度定制系统是现在的（ ）系统正在走向成熟。比如魅族Flyme、（ ）、（ ）、华为Emotion UI和乐OS等各个品牌。

4．（ ）是微软公司发布的一款手机操作系统。

5．（ ）抛弃了拟物化的设计，采用了扁平化设计。

二、选择题

1．以下（ ）都是IOS系统。

A．iphone、iPad和iPod

B．MacBook、iphone和Watch

C．iMac、MacBook和iphone

D．Watch、iPad和iPod

2．以下（ ）界面是iOS 9操作系统。

A.

B.

C.

D.

3．与iOS操作系统相比，Android具有（ ）和方便开发等优势。

A．开放性、丰富的硬件

B．统一性、丰富的硬件

C．统一性、Google应用

D．开放性、Google应用

4．ColorOS是基于（ ）以上版本深度定制的操作系统。

A．Android4.0　　B．Android4.1

C．Android4.2　　D．Android4.3

5．Windows Phone目前最新的版本是（ ）

A．Windows Phone 8　B．Windows Phone 7

C．Windows Phone 10

三、简答题

新版iOS 9的主要变化是什么？

第3章　iOS系统应用

在上一章中为读者大致的介绍了一些关于iOS App的相关知识，读者已经对iOS App有了初步的了解，接下来在本章的学习中，我们将带领读者对iOS系统进行深入的了解。

本章会为读者介绍一些iOS App设计的相关规则知识和设计风格，通过对这些知识点的学习，读者就会对设计一款美观而又实用的手机程序的规则和技巧有所掌握。

本章还会为读者讲解iOS App中基本图形的运用、iOS App中控件和图标的绘制以及一些关于iOS图片运用的知识和规则，通过对这些知识点的学习，读者会对iOS App操作系统有深刻的了解。

3.1 iOS App设计概述

如果要设计一款App，除了要提供简洁精美的界面之外，还应该注意各种功能和控件的安排，尽量使程序的操作规范、简单、易用。设计时可以着重考虑以下几点，以提高用户体验的满意度。

3.1.1 关注主任务

为保持专注，需要明确每一屏上最重要的内容是什么。当一个程序的使用始终围绕主任务时，用户操作起来会更流畅。

要做到这一点就需要分析每一屏需要呈现些什么内容。当确定内容后，始终问问自己，这是否是用户需要的关键信息或功能。如果答案是否定的，那么最好重新进行考量。例如日历关注的日期以及发生于某日的事件，用户可以使用高亮按钮强调这天，并选择浏览方式以及添加事件，如图3-1所示。

图3-1　关注特定日期和事件

3.1.2 提升用户关注内容的权重

对于一款游戏来说,用户总是更追求感官体验，而对管理或创造新内容没有兴趣。如果要开发一款游戏，可以通过提供有趣的剧情、漂亮的图片和及时反馈的操控来提升体验。

如果开发的不是游戏，则可以通过为用户感兴趣的信息设计新的框架结构，来帮助用户关注这些内容，下面是一些有用的方法。

- 减少控件的数量和显著性，以降低相关内容在界面中的权重。
- 巧妙地设计控件风格，使它和程序的图片风格协调一致。
- 如果用户长时间不使用控件，让它们渐隐消失，这可以空出更多的屏幕空间来展示用户想看的内容。例如，图片程序会在用户不使用控件一段时间后就将按钮和工具栏隐去。再次点击屏幕，即可重新显示这些控件和按钮，如图3-2和图3-3所示。

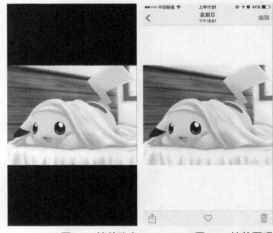

图3-2　控件隐身　　　**图3-3　控件再现**

> **提示：** 权重是一个相对的概念，是针对某一指标而言。某一指标的权重是指该指标在整体评价中的相对重要程度。

3.1.3 使用方法明显、易显

第一时间呈现程序的主功能，努力让用户看一眼就明白你的程序是做什么用的、怎么操作，因为我们不能确保所有的用户都有时间来思考程序是以什么方式工作的。可以使用下面的方法来呈现程序的主功能。

- 尽量减少控件，让用户不必思考该如何选择。
- 一致且恰当地使用标准控件和手势，以便程序的行为符合用户期望。
- 控件名称清晰易懂，让用户明确知道自己在调整些什么。

程序的界面除了要突出重点，尽可能简洁之外，还应该与内置程序的使用方法保持一致。用户知道如何在各层级的屏幕间导航、编辑列表内容、通过Tab栏切换程序模式。最好能在程序中沿用这些操作，来让用户更简单地使用程序。

例如在录音程序中，用户只要看一眼就明白哪个按钮可以开始录制，哪个按钮可以停止录制，如图3-4和图3-5所示。

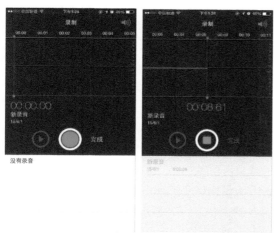

图3-4　停止录音　　　　图3-5　正在录音

3.1.4　使用以用户为中心的术语

所有用于与用户沟通的文案应该尽可能使用朴素的措辞，保证用户能够正确理解，避免使用晦涩冰冷的行业术语。例如这个启用和编辑蓝牙与Wi-Fi的语言解释就非常的平易近人，如图3-6和图3-7所示。

图3-6　打开蓝牙　　　　图3-7　开启无线网

3.1.5　界面元素要一致

比起五花八门的界面来说，用户更期待标准的视图和控件，这些视图和控件在所有程序中都有一致的外观和行为，这样用户熟悉了一个程序的操作后就会自然而然的举一反三、触类旁通。下面是需要遵守的一些原则。

- 套用标准控件时最好采用推荐的使用方法。这样，用户就能在学习程序操作时利用先前的经验。当iOS升级标准控件时，相应的程序也能得到更新。
- 娱乐性应用最好定制全套控件。
- 不要彻底改变执行标准动作的控件的外观。如果使用不熟悉的控件来执行标准动作，用户就需要花时间研究如何使用它，而无法专注于任务本身。

iOS允许使用很多内置程序中的标准按钮和图标，例如可以在iPhone和iPad上使用刷新、排序、删除和重播等图标，如图3-8所示。

图3-8　标准控件和图标

- 不要将标准控件和图标用于其他用途，这可能会使用户迷惑。

3.2　iOS系统界面设计规范

iOS用户已经对内置应用的外观和行为非常熟悉，所以用户会期待这些下载来的程序能带来相似的体验。设计程序时可能不想模仿内置程序的每一个细节，但这对理解他们所遵循的设计规范会很有帮助。

3.2.1　确保程序通过

首先要了解iOS设备以及运行于该设备上的程序所具有的特性并注意以下几点。

- 程序的框架应该简明、易于导航。

iOS为浏览层级内容提供了导航栏，为展示不同组的内容或功能提供了tab页签。

● 控件应该是可点击的。

按钮、挑选器、滚动条等控件都用轮廓和亮度渐变，这都是欢迎用户点击的邀请，如图3-9和图3-10所示。

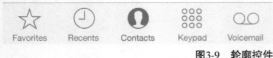

图3-9　轮廓控件

●●●●○ BELL 📶　　4:21 PM　　❋ 100% ▬

图3-10　亮度渐变控件

● 反馈应该是微妙且清晰的。

iOS应用使用精确流畅的运动来反馈用户的操作，它还可以使用进度条、活动指示器（activity indicator）来指示状态，使用警告给用户以提醒、呈现关键信息。

3.2.2　确保程序在iPhone和iPad上通用

在上一章节中，我们了解到iphone和iPad都是采用了iOS系统，所以为了确保设计方案可以在这两款设备中使用，在设计制作时应注意以下几点。

● 为设备量身定做程序界面。

大多数界面元素在两种设备上通用，但通常布局会有很大差异。

● 为屏幕尺寸调整图片。

用户期待在ipad上见到比iPhone上更加精致的图片。在制作时最好不要将iPhone上的程序放大到iPad的屏幕上。

● 无论在哪种设备上使用，都要保持主功能。

不要让用户觉得是在使用两个完全不同的程序，即使是一种版本会为任务提供比另一版更加深入或更具交互性的展示。

● 超越"默认"。

没有优化过的iPhone程序会在iPad上默认以兼容模式运行。

虽然这种模式使得用户可以在iPad上使用现有的iPhone程序，但却没能给用户提供他们期待的iPad体验。

3.2.3　重新考虑基于Web的设计

如果制作的程序是从web中移植而来，就需要确保程序能摆脱网页的感觉，给人iOS程序的体验。谨记用户可能会在iOS设备上使用Safari来浏览网页。

以下为帮助Web开发者创建iOS程序的策略。

● 关注程序。

网页经常会给访客许多任务或选项，让用户自己挑选，但是这种体验并不适合iOS应用。iOS用户希望程序能像宣称的那样立刻看到有用的内容。

● 确保程序帮助用户做事。

用户也许会喜欢在网页中浏览内容，但更喜欢能使用程序完成一些事情。

● 为触摸而设计。

不要尝试在iOS应用中复用网页设计模式。

熟悉iOS的界面元素和模式，并用它们来展现内容。菜单、基于hover的交互、链接等Web元素需要重新考虑。

● 让用户翻页。

很多网页会将重要的内容认真的在第一时间展现出来，因为如果用户在顶部区域附近没找到想要的内容，就会离开。

但在iOS设备上，翻页是很容易的。如果缩小字体、压缩空间尺寸，使所有内容挤在同一屏幕里最终可能使显示的内容都看不清，布局也没有办法使用。

● 重置主页图标。

大多数网页会将回主页的图标放置在每个页面的顶部。iOS程序不包括主页，所以不必放置回主页的图标。另外，iOS程序允许用户通过点击状态栏快速回到列表的顶部。如果在屏幕顶部放置一个主页图标，想按状态栏就会很困难。

3.3　iOS系统基本图形绘制

iOS App用户界面是以遵从用户界面为设计原则的，这些原则不是基于设备的能力，而是基于用户思考和工作的思维方式。一个能够与程序的功能相辅相成的界面一定是优美的、符合视觉的界面，这样的界面才能给用户留下良好的印象。

一个完整的应用程序是由许多不同的图形元素组成的，常见的图形元素有直线段、圆形、矩形和圆角矩形以及一些不规则的形状。

直线段

直线在iOS App的界面制作中是很常用的。它可以用来做分割线，分隔两行或两行以上的文字或选项，如图3-11所示。

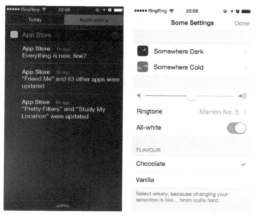

图3-11　界面中的直线

圆形

不论是在iOS App图形制作中还是界面制作中，都会经常涉及"圆"这种图形元素，可见圆形在iOS App基本图形制作中是不可缺少的图形构成元素之一，iOS App界面中使用正圆形的图标有许多，如图3-12所示。

图3-12　界面中的圆形图标

案例　绘制iOS 9的解锁界面

本案例通过介绍iOS 9中锁屏界面的制作过程，使读者明白iOS App图形制作界面中正圆形的运用方法。在制作的过程中要保证每一个正圆按键之间的距离相等，所有的正圆按键大小都是相同的。总体来说，这款按钮的操作步骤比较简单，制作时要仔细调整每个形状的位置。最终效果如图3-13所示。

图3-13　正圆形在锁屏界面中的应用

使用到的技术	椭圆工具、文字工具、钢笔工具
规格尺寸	1136×640（像素）
视频地址	视频\第3章\绘制iOS 9的解锁界面.swf
源文件地址	源文件\第3章\绘制iOS 9的解锁界面.psd

01 新建文档，打开素材图像"素材\第3章\001.jpg"，如图3-14所示。使用"油漆桶工具"为画布填充黑色，并修改图层"不透明度"为40%，"图层"面板和图像效果如图3-15和图3-16所示。

图3-14　打开素材图像

图3-15　图层面板效果

图3-16　图像效果

> 提示：也可以选择"油漆桶工具"，在选项栏设置油漆桶的"不透明度"为40%，然后按下快捷键【Alt+Delete】填充画布颜色，此时填充的画布图像不透明度为40%，但"图层"面板"不透明度"仍显示为100%。

02 单击"图层"面板下方的"创建新的填充或调整图层"按钮，在弹出的下拉菜单中选择"色阶"选项，在弹出的"色阶"面板中设置参数值如图3-17所示。设置完成后关闭"色阶"面板，"图层"面板和图像效果如图3-18和图3-19所示。

图3-17　设置色阶参数

图3-18　图层面板效果

图3-19　图像效果

> 提示：可以执行"图像>调整>色阶"命令，在弹出的"色阶"对话框设置完各项参数后单击"确定"按钮，但使用该方法不会对其数据有所保留。

03 执行"视图>标尺"命令，在画布中拖出参考线，如图3-20所示。按下【Shift】键的同时在画布中拖动鼠标创建白色的圆环，如图3-21所示。复制该图层，并将其拖移至合适的位置，如图3-22所示。

图3-20　拖出参考线

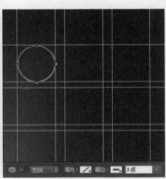

图3-21　创建白色圆环

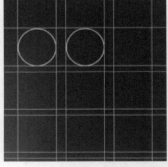

图3-22　复制圆环图层

提示： 复制图层时，可以选中要复制的图层，按下【Alt】键的同时使用鼠标拖动图像，在移动图像的同时可以直接复制图层。

04 使用相同的方法完成相似内容制作，选中所有圆环图层，按快捷键【Ctrl+G】将其编组，重命名为"按键"，修改图层"混合模式"为"叠加"，如图3-23所示。复制该组，修改图层"不透明度"为80%，如图3-24和图3-25所示。

图3-23　编组命名　　　　图3-24　叠加复制

图3-25　修改图层

05 打开"字符"面板，设置各项参数值，如图3-26所示，在画布中输入相应文字，如图3-27所示。使用相同的方法输入其他文字，如图3-28所示。

图3-26　设置参数

图3-27　输入文字　　　图3-28　同法输入其他文字

06 使用相同的方法完成其他相似内容制作，如图3-29所示。选择"钢笔工具"，在画布中绘制形状，如图3-30所示。

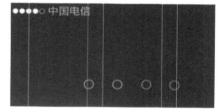

图3-29　相似制作

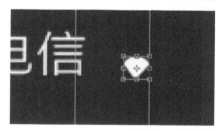

图3-30　绘制形状

07 设置"路径操作"为"合并形状"，在画布中绘制形状，如图3-31所示。使用相同的方法完成其他相似内容制作，图像效果如图3-32所示。

图3-31　合并形状

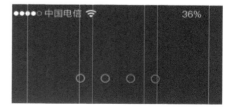

图3-32　同法完成其他制作

08 选择"圆角矩形工具",设置"填充"颜色为"无",在画布中绘制白色的形状,如图3-33所示。选择"矩形工具",在画布中绘制白色的形状,如图3-34所示。

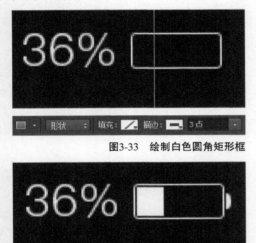

图3-33　绘制白色圆角矩形框

图3-34　绘制白色矩形块

09 使用相同的方法完成相似内容制作,并将所有相关图层进行编组,"图层"面板和图像最终效果如图3-35和图3-36所示。

图3-35　完成相似内容制作　图3-36　相关图层进行编组

矩形

矩形在iOS App制作中是一种使用最广泛的界面组成图形元素,不论是图标还是应用界面的制作,都会经常用到这种形状,因此矩形也是iOS App基本图形制作中最常用、也是最不可缺少的一个图形元素。

圆角矩形

相信所有智能手机用户对圆角矩形都不陌生,几乎所有的手机应用界面中的图标的外形、手机按钮以及输入文本框按键都是圆角矩形的。如图3-37所示。

图3-37　圆角矩形图标

其他形状

以上为读者介绍了多种在iOS App基本图形的制作中常见的形状,但在iOS App图形制作中也有一些看起来精美而又复杂的形状,例如五角星、多边形以及一些无法用Photoshop提供的形状工具直接绘制的不规则形状。

案例　绘制iOS 9小图标

本案例主要向读者介绍iOS 9中不规则形状图标的制作方法,虽然该图标没有什么华丽的特效处理,但制作起来也不是那么简单的。制作本案例的难点在于图标形状锚点的调整,制作时一定要经过认真调整才可以制作出精致的图像。最终效果如图3-38所示。

图3-38　不规则形状图标

使用到的技术	椭圆工具、文字工具、钢笔工具
规格尺寸	94×94(像素)
视频地址	视频\第3章\绘制iOS 9小图标.swf
源文件地址	源文件\第3章\绘制iOS 9小图标.psd

① 执行"文件>新建"命令，新建一个空白文档，如图3-39所示。填充画布颜色为RGB（177、167、180），执行"视图>标尺"命令，在画布中拖出参考线，如图3-40所示。

图3-39　新建空白文档

图3-40　填色并拖上参考线

② 单击工具箱中的"椭圆工具"，设置"填充"为黑色，"描边"为无，在画布中绘制正圆，如图3-41所示。并修改图层"填充"为7%，"图层"面板和图像效果如图3-42和图3-43所示。

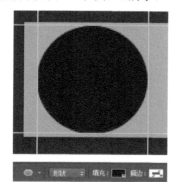

图3-41　绘制黑色正圆

图3-42　图层面板效果

图3-43　图像效果

③ 单击工具箱中的"钢笔工具"，设置"填充"颜色为RGB（0、18、32），在圆形中间绘制形状，如图3-44所示。复制"椭圆1"，使用"移动工具"将其拖移至合适的位置，并在选项栏设置其"填充"颜色为白色，并修改图层"填充"为100%，"图层"面板和图像效果如图3-45和图3-46所示。

图3-44　在圆形中间绘制形状

图3-45　图层面板效果

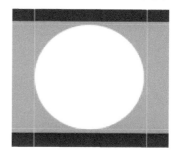

图3-46　图像效果

04 选择"矩形工具",设置"填充"颜色为黑色,在圆圈中间绘制形状,如图3-47所示。鼠标右键单击工具箱中的"钢笔工具",在弹出的菜单栏中选择"添加锚点工具",在矩形的上下两条边添加锚点,如图3-48所示。

图3-47 圆中绘制黑色矩形

图3-48 矩形上下边添加锚点

05 按下【Ctrl】键的同时用鼠标拖动添加的锚点,如图3-49所示。释放鼠标,图像效果如图3-50所示。

图3-49 拖动添加的锚点

图3-50 图像效果

06 按使用相同的方法拖动其他锚点,使其变形,图像效果如图3-51所示。设置"路径操作"为"合并形状",在画布中绘制矩形,如图3-52所示。

图3-51 拖动其他锚点变形

图3-52 再绘制矩形

07 使用相同的方法添加并拖动锚点,使其变形,图像效果如图3-53所示。使用相同的方法完成相似内容制作,如图3-54所示。

图3-53 再添加并拖动锚点变形

图3-54 同法完成相似制作

08 使用相同的方法完成其他几个图标的制作,图像最终效果如图3-55所示。

图3-55 相同方法完成其他图标制作

3.4 iOS系统控件的绘制

iOS为用户提供了大量控件。用户可以通过控件快捷的完成一些操作或浏览信息的界面元素。

因为UIControl是从UIView继承而来,用户可以通过控件的tint Color属性来为其着色。

iOS系统提供的控件默认支持系统定义的动效,外观也会随着高亮和选中状态的变化而变化。

搜索栏

用户可以通过搜索栏获得文本做筛选的关键字，如图3-56所示。

图3-56　搜索栏

* 外观和行为。

搜索栏的外观与圆角的文本框较相似。搜索栏在默认情况下将按钮放在左侧，用户点击搜索栏后键盘会自动出现，输入的文本会在用户输入完毕后按照系统定义的样式处理。

搜索栏还有一些可选的元素。

  ◆ 占位符文本：可以用来描述控件的作用（例如"搜索"）或者提醒用户是在哪里搜索，例如"Baidu"、"taobao"等。

  ◆ 书签按钮：该按钮可以为用户提供便捷的信息输入方式。书签按钮只有当文本框里不存在用户输入的文字或占位符以外的文字时才会出现，因为这个位置在有了用户输入的文字后，会放一个清空按钮。

  ◆ 清空按钮：大多数搜索栏都包含清空按钮，用户点一下就能擦除搜索栏中的内容，清空按钮会在用户于搜索栏中输入任何非占位符的文字时出现。

相反的，这个按钮在用户没有提供的非占位符的情况下会隐藏起来。

  ◆ 描述性标题：它通常出现在搜索栏上面。例如，它有时是一小段用于提供指引的文字，有时会是一段介绍上下文的短语。

* 指南。

用搜索栏来实现搜索功能时，不需要使用文本框。

用户可以在以下两种标准配色里选取适当的颜色，对搜索栏进行自定义。

  ◆ 蓝色（与工具栏和导航栏的默认配色一致）。

  ◆ 黑色。

滚动条

用户通过滚动条在容许的范围内调整值或进程，如图3-57所示。

图3-57　滚动条

* 外观和行为。

滚动条由滑轨、滑块以及可选的图片组成，可选图片为用户传达左右两端各代表什么，滑块的值会在用户拖拽滑块时连续变化。

* 指南。

用户通过滚动条可以精准地控制值，或操控当前的进度。

制作时，也可以在合适的情况下考虑自定义外观。

  ◆ 水平或者竖直地放置。

  ◆ 自定义宽度，以适应程序。

  ◆ 定义滑块的外观，以便用户迅速区分滑块是否可用。

  ◆ 通过在滑轨两端添加自定义的图片，让用户了解滑轨的用途，左、右两端的图片表示最大值和最小值。例如制作一个用来控制亮度强弱的滚动条，可以在左侧放一个很小的太阳，在右侧放一个很大的太阳。

  ◆ 可根据滑块在各个位置及控件的各种状态来定制不同导轨的外观。

文本框

文本框用于接受一行用户的输入，如图3-58所示。

图3-58　文本框

● 外观和行为。

iOS 9在外观上遵从"黑白化"和"扁平化"的简单设计风格，文本框有固定的高度。用户点击文本框后键盘就会出现，输入的字符会在用户按下回车键后按照程序预设的方式处理。

● 指南。

◆ 用户使用文本框能获得少量信息。用户在使用文本框前先要确定是否有别的控件可以让输入变得简单。

◆ 可以通过自定义文本框帮助用户理解如何使用文本框。例如，将定制的图片放在文本框某一侧边上，或者添加系统提供的按钮（比如书签按钮）。可以将提示放在文本框左半部，把附加的功能放在右半部。

◆ 在文本框的右端放置清空按钮。当清空按钮出现时，单击清空按钮可以清空文本框中的内容。

◆ 在文本框里放置提示语，帮助用户理解意图。如果没有其他的文字可放，就可以放置提示语做占位符。

◆ 根据要输入的内容选择合适的键盘样式。键盘是主要的输入手段，随着用户的语言而变。iOS提供几种不同的键盘，每一种都是为输入特定的内容而优化，如图3-59所示。

图3-59　几种不同的键盘

图3-59　几种不同的键盘（续）

活动指示器

活动指示器的主要作用是提示用户任务或过程正在进行中，如图3-60所示。

图3-60　活动指示器

● 外观和行为。

网络活动指示器在有数据传输时就会出现在状态栏上，当网络活动停止后就会消失。用户与网络活动指示器不交互。

● 指南。

当程序调用网络数据的时间稍长时，就应该展示网络活动指示器向用户反馈。如果数据传输很快就完成，就不用展示，因为用户可能还没发现它就消失了。

页码指示器

页码指示器可显示共有多少页视图和当前展示的是第几页。

● 外观和行为。

在iOS 9中，页码指示器依旧采用iOS 8的设计风格，没有太大的变化，如图3-61所示。

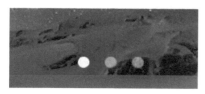

图3-61 页码指示器

◆ 一个圆点展示每一页视图的页码指示器，圆点的顺序与视图的顺序是一致的，发光的圆点就是当前打开的视图。用户按下发光点左边或右边的点，就可以浏览前一页或后一页。

◆ 每个圆点的间距是不可压缩的，竖屏视图模式下最多可以容纳20个点。即使放置了更多的点，多余的点也会被裁切掉。

● 指南。

◆ 使用页码指示器可以展示一系列同级别的视图。

◆ 页码指示器不能帮助用户记录步骤和路径，如果要展示的视图间存在层级关系，就不需要再使用页码指示器了。

◆ 页码指示器通常水平居中放置在屏幕底部，这样即使将其总摆在外面都不会碍眼。不要展示过多的点。

◆ 在iPad上，应该考虑在同一屏幕上展示所有内容，iPad的大屏幕不适于展示平级的视图，所以对页码指示器的依赖也比较小。

日期和时间拾取器

日期和时间拾取器显示了日期和时间的内容，可供用户选择时间的各个组成，包括了分钟、小时、日期和年份，如图3-62所示。

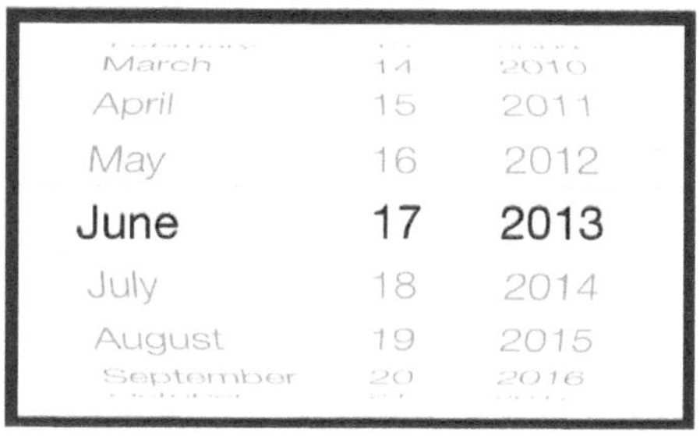

March   14   2010
April   15   2011
May   16   2012
June   **17**   **2013**
July   18   2014
August   19   2015
September   20   2016

图3-62 日期和时间拾取器

● 外观和行为。

iOS 9的日期和时间拾取器舍弃了玻璃质感的华丽外表，取而代之的是简单的白底黑字界面。iOS 9的程序没有将日期拾取器单独呈现在一个弹出的视图上，而是直接将其嵌入到内容中。例如日历应用动态地将表格一行扩展开，将日期拾取器嵌入，用户不离开当前这个添加事项视图就可以指定时间。

日期和时间拾取器最多可以展示四个独立的滑轮，每一个滑轮展示一个类值，例如月、日、小时、分钟。用户可以通过拖拉每个滑轮，直到想要的值出现在透明的选择栏下。每个滑轮上最终的值就成为拾取器的值。日期和时间拾取器的尺寸与iphone键盘尺寸是相同的。日期和时间拾取器的每一个滑轮展示一种状态数量，一共有四种状态，用来供用户选择不同的值。

◆ 日期和时间：用来展示日期、小时和分钟。默认模式情况下，上午/下午的滑轮可选。

◆ 时间：展示小时和分钟。上午/下午的滑轮可选。

◆ 日期：展示月份、天和年。

◆ 倒计时：展示小时和分钟。用户可以设置倒计时的总长度，最长23小时59分钟。

● 指南。

◆ 用户可以使用日期和时间拾取器对包含多段内容的时间进行设计，例如日、月、年。因为每一部分的取值范围都很小，用户也猜得到接下来会出现什么，所以日期和时间拾取器操作起来非常简单。

◆ 有时可以合理的改变一下分钟滑轮的步长。当分钟轮处于默认状态时，通常展示为60个值（0-59）。

当用户对时间的精准度没有太高的要求时，可以将分钟轮的步长设置的更大些，最高可达60。例如对时间精准度要求是"刻"，就可以展示0、15、30、45。

案例 绘制iOS 9日期拾取器

iOS 9拾取器的样式可谓简单到了极致，整个界面只有文字和两根线条。为了创建出精确地文字滚动效果，制作时尽可能多的使用辅助线，扭曲文字时尽量在选项栏中设置精确地数值。最终效果如图3-63所示。

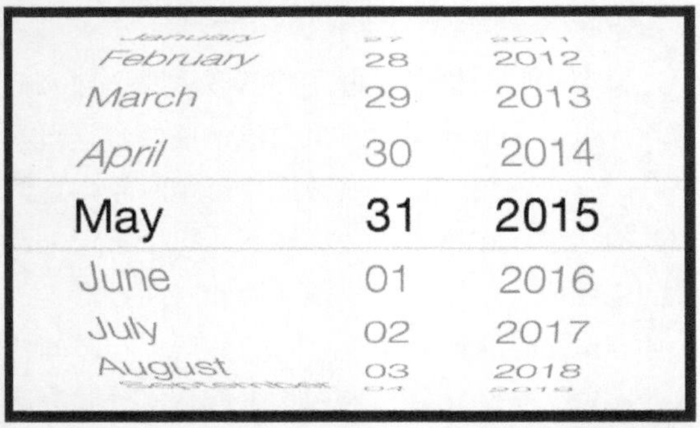

图3-63 iOS 9日期拾取器

使用到的技术	文字工具、自由变换、直线工具
规格尺寸	640×390（像素）
视频地址	视频\第3章\绘制iOS 8日期拾取器.swf
源文件地址	源文件\第3章\绘制iOS 8日期拾取器.psd

01 执行"文件>新建"命令，新建一个640×390像素的空白文档，如图3-64所示。打开"字符"面板适当设置参数值，如图3-65所示。

图3-64 新建空白文档

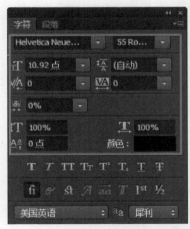

图3-65 设置字符参数值

02 在画布中输入相应的文字。单击工具箱中的"直线工具"在文字上下方各绘制一条黑色的直线，如图3-66所示，并设置其"不透明度"为10%，如图3-67所示。

May

图3-66 输入文字绘制直线

图3-67 设置不透明度

03 使用"钢笔工具"，以"路径"模式沿着文字绘制一条路径，如图3-68所示。使用"画笔工具"，按下Enter键描边路径（如有需要请先设置画笔），得到如图3-69所示的线条。使用相同方法绘制另外两根线条，如图3-70所示。

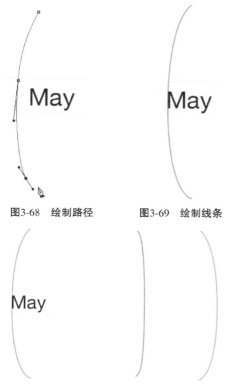

图3-68　绘制路径　　　图3-69　绘制线条

图3-70　相同方法复制线条

图3-72　图层面板效果

图3-73　图像效果

04 在"字符"面板中重新定义字符属性，如图3-71所示。沿着曲线输入文字，并修改其"不透明度"为50%，"图层"面板和图像效果如图3-72和图3-73所示。

05 按快捷键【Ctrl+T】，将文字水平斜切10度，使其沿着曲线弧度进行扭曲，效果如图3-74所示。复制文字，修改其内容，将其水平斜切-15度，将其垂直缩放至90%，再使文字略微扭曲，效果如图3-75所示。

图3-71　重定字符属性

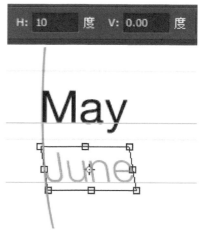

图3-74　扭曲字符

图3-75　复制修改扭曲字符

06 使用相同方法制作出其他的文字，如图3-76和图3-77所示。

图3-76　同法复制其他字符

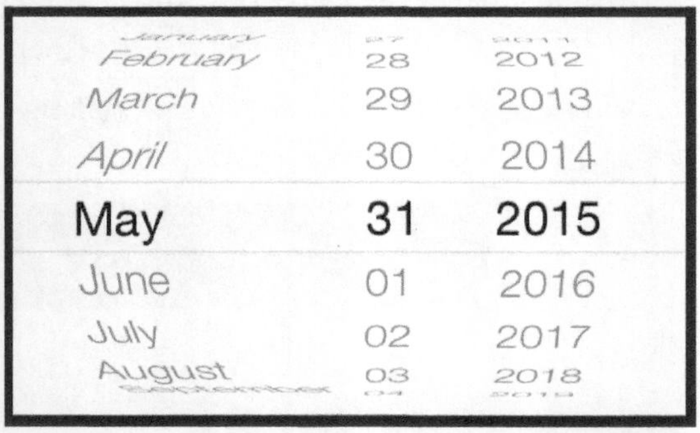

图3-77　最终效果

> 提示：除了案例中介绍的方法之外，用户还可以使用以下两种方法描边路径：
>
> 1.绘制路径，在"钢笔工具"状态下单击鼠标右键，在弹出的快捷菜单中选择"描边路径"选项，弹出"描边路径"对话框，如图3-78所示。
>
> 2.绘制路径，单击"路径"面板下方的"使用画笔描边路径"按钮，如图3-79所示。

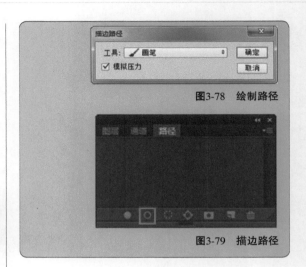

图3-78　绘制路径

图3-79　描边路径

切换器

切换器用于切换两种相反的选择或状态。

- 外观和行为。

iOS 9中的切换器与iOS 8相比，在大小上没有改变，外观上也没有变化，如图3-80所示。切换器展示当前的激活状态，用户滑动（或点击）空间可以切换状态。

图3-80　切换器

- 指南。
  - ◆ 在表格视图中展示两种如"是/否"、"开/关"的简单、互斥的选项。所选的两个值要可以预测才能让用户知道切换后的效果。
  - ◆ 也可以使用切换控件改变其他控件的状态。新的表单项可能会根据用户的选择出现或消失，激活或失活。
  - ◆ iOS 9 依旧可以对开、关、不可用三个状态使用着色。按下状态则使用onTintColor， tintColor 和thumbTintColor三个属性着色。
  - ◆ 在iOS 9 中，默认情况中自定义的开关图像会被忽略。

分段控件

分段控件像一条被分割成多段的按钮，每一段按钮都可以激活一种视图方式。

● 外观和行为。

在iOS 9中，分段控件使用单一的样式，外观上遵循"扁平化"设计风格，舍弃了华丽的特效装饰，如图3-81所示。分段控件的高度是固定的，长度由分段的数量决定。按照分段控件的比例规定每一段的宽度，起决于分段的总数，每一个分段在用户单击后会变成选中态。

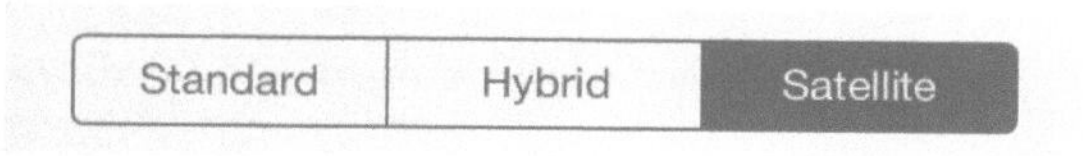

| Standard | Hybrid | Satellite |

图3-81　iOS 8分段控件样式图

● 指南。

◆ 使用分段控件在应用中提供紧密相连又互斥的选项。

◆ 确保每一个选项都可以轻松触摸。在制作时需要限制段的数目，以便于将每一段尺寸维持在44×44像素以上。分段控件在iPhone上最多可以分成5段。

◆ 因为所有段的宽度都是相同的，所以在制作时尽可能让每一段的标题一致。如果每一段上的文字标题长度、风格等不一致，会影响按钮的整体形象。

◆ 分段控件上面可以放文字，也可以放图标，但避免同时使用文字和图标。

案例　绘制iOS 9的分段控件

相信只要看到最终效果就会知道本案例制作方法非常简单，只是由简单的矩形和圆角矩形组合而成，也没有什么图层样式，但在制作时一定要注意图形连接处必须要摆放整齐，否则整个图像效果就会看起来很乱。最终效果如图3-82所示。

| First Item | Second Item | Third Item |

图3-82　制作iOS 9分段控件效果图

使用到的技术	矩形工具、圆角矩形工具、文字工具
规格尺寸	700×120（像素）
视频地址	视频\第3章\绘制iOS 9的分段控件.swf
源文件地址	源文件\第3章\绘制iOS 9的分段控件.psd

01 执行"文件>新建"命令，新建一个空白文档，如图3-83所示。将画布填充颜色为为RGB（238、238、238），如图3-84所示。

图3-83　新建空白文档

图3-84　画布填充颜色

02 单击工具箱中的"圆角矩形工具"，设置"填充"为无，"描边"颜色为RGB（21、126、251），在画布中创建形状，如图3-85所示。选择"矩形工具"，设置"路径操作"为"减去顶层形状"，在图像中绘制，如图3-86所示。

图3-85　创建圆角矩形

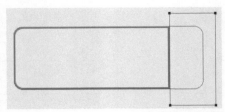

图3-86　减法顶层形状

03 设置"路径操作"为"合并形状组件"，在弹出的对话框中单击"是"按钮，合并形状路径，图像效果如图3-87所示。选择"矩形工具"，设置"填充"为无，"描边"颜色为RGB（21、126、251），在画布中创建形状，如图3-88所示。

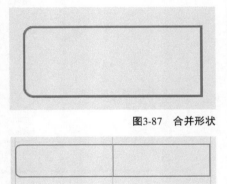

图3-87　合并形状

图3-88　创建形状

04 选择"圆角矩形工具"，设置"填充"为RGB（21、126、251），在画布中创建形状，如图3-89所示。打开"字符"面板，设置各项参数值，如图3-90所示。

图3-89　创建形状

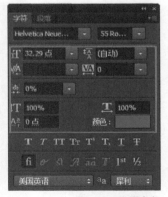

图3-90　设置参数

05 使用"横排文字工具"在画布中合适的位置输入文字，如图3-91所示。使用相同的方法在图像中输入其他文字，图像最终效果如图3-92所示。

图3-91　输入文字

图3-92　输入其他文字

提示：本案例也可以直接用一个圆角矩形来完成，只要绘制一个任意颜色的圆角矩形，添加"描边"和"渐变叠加"图层样式，将"渐变叠加"对话框中的"角度"设置为180度，渐变条色标设置如图3-93所示，效果如图3-94所示。

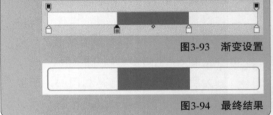

图3-93　渐变设置

图3-94　最终结果

3.5　iOS图标绘制

图标是一种小的可视控件，软件中的指示路牌，它以最便捷、简单的方式指引浏览者获取其想要的信息资源。用户通过图标的操作，可以快速的完成某项操作或找到需要的信息，从而节省大量宝贵的时间和精力。下面就讲解有关图标绘制的相关知识。

3.5.1　设计图标的特点

iOS图标有很好的整体性，而良好的整体性可以减少用户体验上带来的冲突。在设计和制作iOS图标时需要注意体现其中的一些特点，以便使整体UI界面的协调性和视觉效果更佳。图3-95很好的诠释了iOS图标的一些特点。

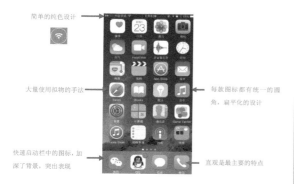

简单的纯色设计

大量使用拟物的手法

快速启动栏中的图标，加深了背景，突出表现

每款图标都有统一的圆角，扁平化的设计

直观是最主要的特点

图3-95 iOS图标的特点

3.5.2 设计图标的标准

创造一个外观统一，感觉完整的用户界面会增加你的产品附加价值。精炼的图形风格也使用户觉得用户界面更加专业。

iOS系统是被设计在一系列屏幕尺寸和分辨率不同的设备上运行的，在设计图标时，必须要考虑设计的图标应用有可能在任何设备上安装运行。要想保证在任何设备上都能正确的显示，就要根据所需要的图标格式和应用领域来设计。如图3-96所示。

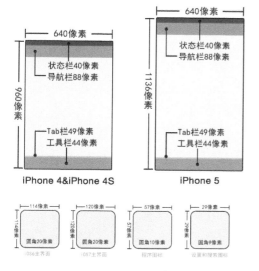

iPhone 4&iPhone 4S

状态栏40像素
导航栏88像素

Tab栏49像素
工具栏44像素

640像素
960像素

iPhone 5

状态栏40像素
导航栏88像素

Tab栏49像素
工具栏44像素

640像素
1136像素

114像素 圆角20像素 iOS6主界面

120像素 圆角20像素 iOS7主界面

57像素 圆角10像素 程序图标

29像素 圆角9像素 设置和搜索图标

图3-96 按需设计图标

3.5.3 图标的分类

iOS系统中所有的程序都需要图标来为用户传达应用程序的基础信息及重要使命。按照应用领域的不同可以分为程序图标、小图标、文档图标、Web快捷方式图标和导航栏、工具栏与Tab栏上用的图标。

程序图标

用户通常会把程序图标放在桌面上，点击图标就可以启动相应的程序，程序图标是每一个程序中必不可少的一部分。图标是完美的品牌宣传和视觉设计的结合，同时也是紧密结合、高度可辨、颇具吸引力的画作。

图标也会被用在Game Center中。针对不同的设备要创建与其相应的程序图标。如果程序要适用于所有设备，须提供以下3种尺寸的图标。

- 为iPhone和iTouch提供
  - 57×57像素。
  - 114×114像素（高分辨率）。
- 为iPad提供。
  - 72×72像素。
- 当在桌面上显示图标时，会自动添加以下效果，如图3-97所示

图3-97 自动添加效果

- 有90度角。
- 没有高光效果。
- 不使用透明层。
- 为确保设计好的图标与iOS提供的加强效果相配，制作时图标应当符合以下3点。
  - 没有90度角。

♦ 没有高光效果。

♦ 不使用透明图层。

程序图标的背景要清晰可见。因为iOS系统自动为图标添加了圆角，所以在桌面上有清晰可见背景的图标才好看。

iOS系统添加的效果可以保证桌面上的图标有统一整齐的外观，以其好看的外表诱惑用户点击。

小图标

iOS程序还需要一个小版本的图标，用于在Spotlight搜索结果里展示某个程序。

如果需要设置的话，程序还需要在设置里放一个可以与其他内置程序相区分的、在一列搜索结果里具有足够的可辨识性的图标。

在iPhone和iPod touch中，iOS在spotlight搜索结果和settings里用的是同一个图标。如果没有提供这个版本，iOS会把程序图标压缩做程序展示图标。

● 对于iPhone，应用图标尺寸如下所示，如图3-98所示。

　　♦ 29×29像素。

　　♦ 58×58像素（高分辨率）。

● 对于iPad，要为Settings和Spotlight搜索结果提供专门的尺寸。

　　♦ 50×50像素（为Spotlight）。

　　♦ 39×39像素（为Settings）。

图3-98　iPhone应用图标

文档图标

如果iOS程序定义了自己的文档类型，也要定制一款图标来识别。如果没有提供定制文档图标，iOS就会把程序图标改一下用作默认的文档图标。

例如，用尺寸为57×57像素的程序图标改成

的文档图标如图3-99所示。使用尺寸为114×114像素的高清版图标如图3-100所示。而对于iPad，使用72×72像素程序图标生成的文档图标如图3-101所示。

图3-99　文档图标　　　图3-100　高清版图标

图3-101　文档图标

若要自己为程序定制文档图标，最好将其设计的容易记住，与程序图标联系紧密，因为用户会在不同的地方看到文档图标。文档图标要漂亮、表意清晰、细节丰富。

根据程序分别运行于iPhone和iPad上来创建不同的图标。

● 对于iPhone版iOS图标，创建两种尺寸的文档图标。

　　♦ 22×29像素。

　　♦ 44×58像素。

可以将制作的图居中或缩放填充在这个规定的格子里。

● 对于iPad版iOS图标，创建两种尺寸的文档图标。

　　♦ 64×64像素。

　　♦ 320×320像素。

> **提示**：为了便于在任何环境中都能找到合适的尺寸，建议将两种尺寸的图标都准备好。iOS会为图标添加卷角效果，因此即便是画作大小完全适合安全区的尺寸，右上角也总是会被遮掉一部分。另外，从上到下的渐变也会被iOS所覆盖。

因此，为了创建一个完整的文档图标，在制作时针对不同的尺寸有不同的解决方法。

- 创建完整的64×64像素的图标。
  - ◆ 创建64×64 像素的PNG格式图像。
  - ◆ 加入Margin，创建安全区。

> **提示**：安全区尺寸为"顶部1像素、底部4像素、左右各10像素"
> 在44×59像素的安全区里放置制作好的图标，可以将图标居中或者缩放，以填充整个安全区（注意iOS会自动添加卷角和渐变效果）。

- 创建完整的320×320像素的图标。
  - ◆ 创建320×320像素的PNG格式图像。
  - ◆ 加入Margin，创建安全区。

> **提示**：安全区尺寸为"顶部5像素、底部20像素、左右各50像素"
> 在44×59像素的安全区里放置制作好的图标，可以将图标居中或者缩放，以填充整个安全区（注意，iOS会自动添加卷角和渐变效果）。

Web快捷图标

若制作的程序中带有web小程序或者网站，可以为其定制一款图标，用户可以将其直接放在桌面上，点击图标直接观看网页内容。定制的图标可以代表整个网站或者某个网页。

最好将网页中有独特的图片或者可识别的颜色主题应用到图标里来。

为了确保你的图标在设备上看起来更完美，制作时遵照以下指南。

- 为iPhone和iPod touch创建下列尺寸的图标。
  - ◆ 57×57像素。
  - ◆ 114×114像素。
- 为iPad创建如下尺寸的图标。
  - ◆ 72×72像素。

> **提示**：为了使图标与其他桌面图标一致，iOS系统会自动为图标添加圆角、投影和反射高光视觉特效。因此在制作时图标应该没有90度尖角和高光效果，方可确保制作的图标与iOS系统为其添加的效果相得益彰。

导航栏、工具栏和Tab栏上用的图标

尽可能的使用系统提供的按钮和图标来代表标准任务。

创建用于导航栏和工具栏的定制图标来代表程序中用户经常要执行的任务。如果程序用tab栏在不同的定制内容和定制模式间切换，就需要为tab栏定制图标。

- 在绘制图标之前，要考虑图标想表达的内容。
  - ◆ 简单而富有流线感。

  太多的细节会让图标显得笨拙，难以辨认。
  - ◆ 不容易和系统提供的图标搞混。

  用户应该能一眼把绘制的图标和系统提供的标准图标分开。
  - ◆ 易懂，容易被接受。

  要绘制的图标能够被大多数用户理解，不会被用户抵触。
  - ◆ 避免使用和苹果产品重复的图片。

  苹果产品图片都有产权保护，并且会经常变动。
- 思考图标外观时依照如下指南
  - ◆ 纯白要有合适的透明度。
  - ◆ 不包含投影效果。
  - ◆ 使用抗锯齿。
  - ◆ 如果要添加斜面效果，确保光源放在最上方。

  工具栏和导航栏上的图标尺寸如下所示。
- 对于iPhone和iPod提供
  - ◆ 大概20×20像素。
  - ◆ 大概40×40像素（高分辨率版本）。
- 对于iPad提供
  - ◆ 20×20像素。

  Tab栏上图标尺寸如下所示。
- 对于iPhone和iPod提供
  - ◆ 大概30×30像素。
  - ◆ 大概60×60像素（高分辨率版本）。
- 对于iPad提供
  - ◆ 大概30×30像素。
- 不要为图标提供选中态或按压态

  图标效果是自动叠加的，所以也没法定制，因此即使图标提供选中态或按压态，iOS也不会为导航栏、工具栏和Tab栏的图标自动生成这些

状态。

● 让所有图标看起来一样重

要在所有图标间平衡尺寸、细节丰富度以及实心部分。

案例 绘制iOS 9的拨号图标

这款拨号图标的底座有轻微的渐变色，还有小幅度的描边和斜面浮雕效果。此外，白色的电话图形对钢笔工具的操作技巧略有要求。最终效果如图3-102所示。

图3-102 最终效果

使用到的技术	矩形工具、圆角矩形工具、文字工具
规格尺寸	1300×1300（像素）
视频地址	视频\第3章\绘制iOS 9的拨号图标.swf
源文件地址	源文件\第3章\绘制iOS 9的拨号图标.psd

01 执行"文件>新建"命令，新建一个1300×1300像素的空白文档，如图3-103所示。填充背景色为RGB（128、127、127）显示标尺，拖出参考线，帮助定位图形，如图3-104所示。

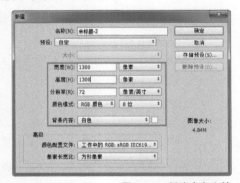

图3-103 新建空白文档

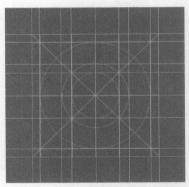

图3-104 拖出参考线

02 单击工具箱中的"圆角矩形工具"，沿着参考线创建一个"半径"为200像素，"填充"颜色为RGB（100、103、110）的圆角矩形，如图3-105所示。双击图层缩览图，打开"图层样式"对话框，为其添加"渐变叠加"样式，设置参数如图3-106所示。

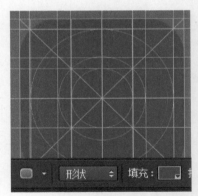

图3-105 创建圆角矩形

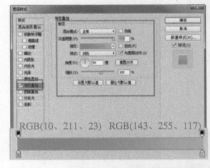

RGB(10、211、23) RGB(143、255、117)

图3-106 设置渐变叠加参数

03 设置完成后得到图标的效果，如图3-107所示。单击工具箱中的"钢笔工具"在图标中绘制电话形状，根据参考线调整图形的位置，如图3-108所示。

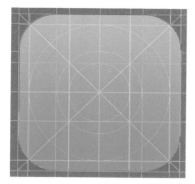

图3-107　图标效果

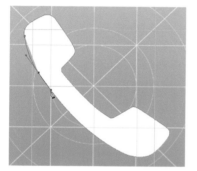

图3-108　绘制电话形状

04 打开"图层样式"对话框，为形状添加"投影"样式，设置如图3-109所示。设置完成后得到图标效果，如图3-110所示。

图3-109　添加"投影"

图3-110　图标的效果

05 使用"椭圆工具"在图标右上方绘制一个"填充"颜色为RGB（229、42、42）的正圆，如图3-111所示。打开"字符"面板，适当设置字符属性，如图3-112所示。

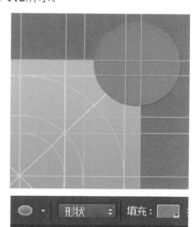

图3-111　绘制正圆

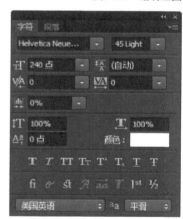

图3-112　设置字符属性

06 使用"横排文字工具"在正圆中输入数字，如图3-113所示。打开"图层样式"对话框，为文字添加"投影"样式，如图3-114所示。

图3-113　输入数字

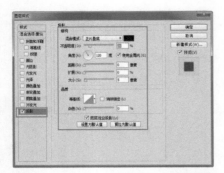

图3-114　添加投影

07 设置完成后得到文字效果，如图3-115所示。将无关的图层隐藏，按下【Shift】和【Ctrl】键，分别单击红色正圆、绿色图标缩览图，载入它们的选区，如图3-116所示。

图3-115　文字效果

图3-116　分别载入选区

08 执行"图像>裁剪"命令，裁掉选区以外的部分，如图3-117所示。效果如图3-118所示。

图3-117　执行裁剪命令

图3-118　裁掉无用部分

09 执行"存储为Web所用格式"命令，弹出"存储为Web所用格式"对话框，将该图标存储为140×140像素的PNG格式，如图3-119所示。图标最终效果如图3-120所示。

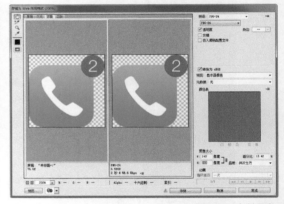

图3-119　存储图标

图3-120　图标最终效果

3.6 设计中的图片

　　iOS应用程序中往往会包含有丰富的图形元素，无论是显示用户照片还是定制化的插图，在制作使用时需要注意以下几点。

- 支持Retina屏幕。

确保为所有的图形元素提供Retina所需的@2X规格支持。

- 按照原始的长宽比例显示照片和图形，放大比例不要超过100%。

保持设计的应用程序中应用的图形元素不会变形、模糊，在此基础上，还要让用户根据需要缩放图片。

- 不要在设计中使用代表苹果公司产品的图形。

苹果公司产品的图形都是有版权保护的，并且产品设计本身是会不停的发生变化的。

为Retina屏幕设计

Retina液晶屏允许展示高精度的图标和图片。如果将已有的画作放大会错失提供优美、精致图片的机遇，所以应该利用已有的素材重新制作大尺寸高质量的版本。

为Retina屏幕设计画作的技巧如下。

- 纹理丰富。

在高精度版的Settings和Contacts里，齿轮的纹理清晰可见，如图3-121所示。

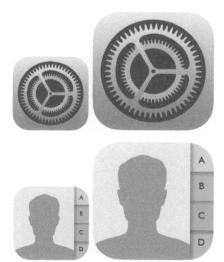

图3-121　纹理清晰

- 更多细节。

在高精度版的Safari和Notes里，可以看到更多的细节，例如指针后的刻度和记事本的线圈，如图3-122所示。

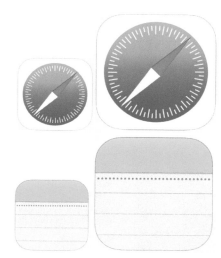

图3-122　更加精细

- 更加扁平化。

在以前的图标中，我们看到的都比较真实化的图标已经不存在，替代真实化的就是扁平化。

高精度版的Maps和Photos图标通过扁平化的设计，真的更加丰富，如图3-123所示。

图3-123　更加扁平化

案例　绘制扁平化图标

这款拨号图标的底座有轻微的渐变色，还有小幅度的描边和斜面浮雕效果。此外，彩色花朵图标对钢笔工具的操作技巧略有要求。最终效果如图3-124所示。

图3-124 花瓣图标

使用到的技术	矩形工具、圆角矩形工具、文字工具
规格尺寸	1024×1024（像素）
视频地址	视频\第3章\绘制扁平化图标.swf
源文件地址	源文件\第3章\绘制扁平化图标.psd

01 执行"文件>新建"命令，新建一个1024×1024像素的空白文档，如图3-125所示。填充背景色为RGB(128、127、127)显示标尺，拖出参考线，帮助定位图形，如图3-126所示。

图3-125 新建空白文档

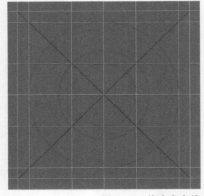

图3-126 拖出参考线

02 单击工具箱中的"圆角矩形工具"沿着参考线创建一个"半径"为200像素的白色圆角矩形，如图3-127所示。使用"圆角矩形工具"在图标上方创建一个任意颜色的圆角矩形，如图3-128所示。

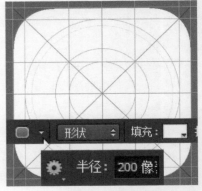

图3-127 创建白色圆角矩形

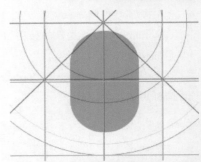

图3-128 创建任意颜色圆角矩形

03 按快捷键【Ctrl+T】，按下【Alt】键单击图标中心，将其定义为新的变换中心，然后将图形旋转45度，如图3-129所示。按【Enter】键确认变形，然后多次按快捷键【Ctrl+Shift+Alt+T】，得到一整圈花瓣，如图3-130所示。

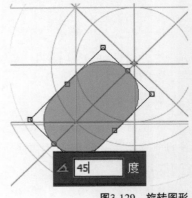

图3-129 旋转图形

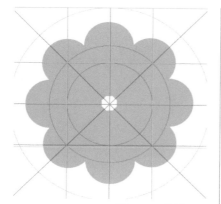

图3-130　花瓣图形

04 分别改变每个形状的颜色，如图3-131所示。将图示中4个形状的"混合模式"设置为"正片叠底"，并将其他们移动到图层最上方，如图3-132所示。

图3-133　图层面板

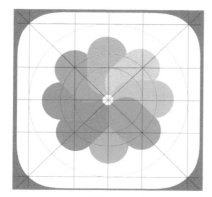

图3-131　分别改变颜色

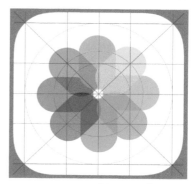

图3-134　黄绿在上

06 "图层"面板如图3-135所示。隐藏无关的辅助性元素，如图3-136所示。

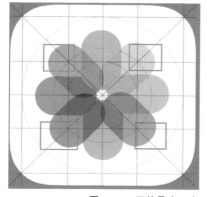

图3-132　正片叠底4个

05 "图层"面板如图3-133所示。把绿色和黄色两个形状移动到图层最上方（黄色在绿色上方），修改其"混合模式"为"正常"，"不透明度"为70%，如图3-134所示。

图3-135　图层面板

图3-136　隐藏无关元素

07 执行"图像>裁剪"命令，裁掉选区以外的部分，如图3-137所示。效果如图3-138所示。

图3-137　执行裁剪命令

图3-138　裁掉无用部分

08 执行"存储为Web所用格式"命令，弹出"存储为Web所用格式"对话框，将该图标存储为120×120像素的PNG格式，如图3-139所示。图标最终效果如图3-140所示。

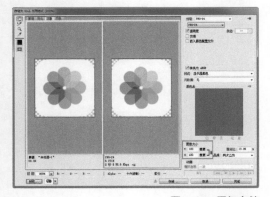

图3-139　图标存储

图3-140　图标最终效果

3.7　iOS 8与iOS 9界面对比

在前面的章节中已经对iOS 8与iOS 9进行了功能对比，那么接下来就从界面风格上来看iOS 8和iOS 9都有哪些不同。

3.7.1　新字体

Apple为全平台设计了San Francisco（旧金山）字体以提供一种优雅的、一致的排版方式和阅读体验。苹果在iOS 9中使用旧金山字体取代了之前的Helvetica Nue字体，并且在iOS中可为用户提供以下字体功能，如图3-141所示。

- 一系列的字号大小，可供任何用户进行设置，在可访问性设置下，可获得优质的清晰度和极佳的阅读体验。
- 自动调整文字的粗细、字母间距以及行高的功能。
- 为语义上有区别的文本模块指定不同的文本样式，如正文、脚注或者标题。
- 文本能够根据用户在字号设置和可访问性设置中指定字体大小的变化作出适当的响应的能力。

图3-141　新字体

> 提示：iOS 9在国外市场使用的是San Francisco字体，中国市场使用的是苹方体。关于字体，在后面的章节有详细介绍。

3.7.2　应用切换

iOS 9的应用切换应用了全新的卡片式翻页，将一个应用预览卡片堆砌在另一个卡片上，这样使卡片显得更大，于此同时推翻了iOS 8中最近联系人的设计，如图3-142所示。

图3-142　应用切换

3.7.3　Spotlight

当在主屏界面下拉出Spotlight的时候，就会发现iOS 9的搜索框变成了圆角设计，还增加了语音听写的标识，如图3-143所示。

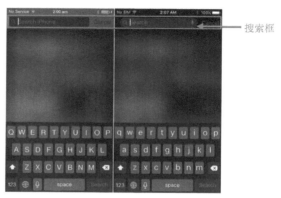

图3-143　Spotlight

3.7.4　电池使用细节

iOS 9中的电池信息细节查看被单独划分为过去24小时与过去7天，单击进入设置-电池即可看到，用户可详细查看每个应用在前台或者后台运行的电量使用情况，如图3-144所示。

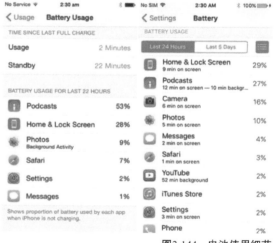

图3-144　电池使用细节

3.7.5　相机应用

苹果对相机应用的界面进行了微调，闪光灯不再显示是否打开/关闭状态，只显示图标。开启的时候会显示橙色闪电，关闭则在闪电的基础上多一个X。HDR也采取了类似的调整。另外，HDR和倒计时拍照功能的图标位置也进行了微调，如图3-145所示。

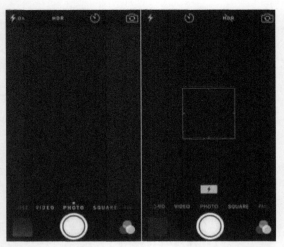

图3-145　相机应用

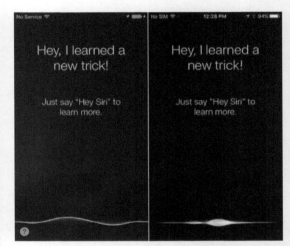

图3-147　Siri界面

3.7.6　分享界面

　　iOS 9的分享界面底部的操作按钮更大了，与此同时图标变得更亮，使得图标和背景更为融合，如图3-146所示。

3.7.8　键盘大小写切换

　　在iOS 9中，当Shift键关闭，小写字符便会出现。当Shift键打开，大写字符便会出现。而在iOS 9之前，即使Shift键关闭，大写字符也会呈现在屏幕上，如图3-148所示。

图3-146　分享界面

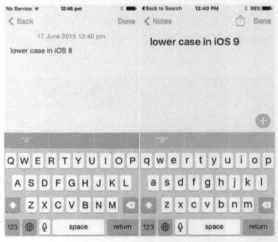

图3-148　键盘大小写切换

3.7.7　Siri界面

　　Siri界面迎来新的动画，底部的波动动画更明显，并且颜色更为靓丽，类似于Apple Watch Siri的风格，如图3-147所示。

3.7.9　听写界面

　　iOS 9的听写界面也有微小的调动，如图3-149所示。

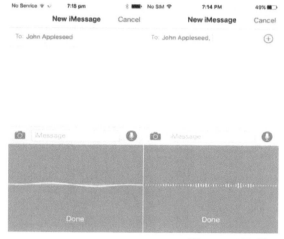

图3-149　听写界面

3.7.10　圆角

　　iOS 9其中一个值得注意的变化就是圆角的采用增多，包括通知和操作框等界面，如图3-150所示。

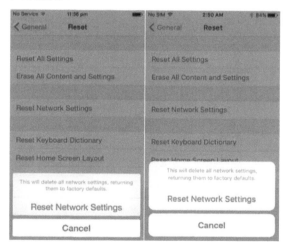

图3-150　圆角

3.8　综合案例

　　下面我们以综合案例来向大家介绍一下绘制界面的操作步骤。

综合案例——绘制滑动界面

　　本案例为读者介绍iOS 9滑动界面的制作方法。本案例中的制作步骤较长，但制作方法非常

简单。案例中对形状的运用非常普遍，在制作时要对图层的工具模式有一定的了解和掌握，如图3-151所示。

图3-151　iOS 9滑动界面

使用到的技术	矩形工具、圆角矩形工具、文字工具
规格尺寸	1136×640（像素）
视频地址	视频\第3章\绘制滑动解锁界面.swf
源文件地址	源文件\第3章\绘制滑动解锁界面.psd

01 执行"文件>新建"命令，新建一个640×1136像素的空白文档，如图3-152所示。执行"文件>打开"命令，打开素材"第3章\素材\002.jpg"，如图3-153所示。

图3-152　新建空白文档

图3-153　打开素材

02 再次执行"文件>打开"命令，打开素材"第3章\素材\003.png"，将其拖入到画布顶端，如图3-154所示。执行"视图>标尺"命令，在画布中拖出参考线，如图3-155所示。

 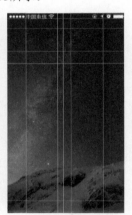

图3-154　再打开素材　　　**图3-155　拖出参考线**

03 打开"字符"面板，设置各项参数值，如图3-156所示。使用"横排文字工具"在画布中输入相应文字，如图3-157所示。

图3-156　设置参数　　　**图3-157　输入文字**

04 使用相同的方法输入其他文字，如图3-158所示。单击"圆角矩形工具"创建白色形状，如图3-159所示。

图3-158　再输入文字　　　**图3-159　创建白色圆角矩形**

05 执行"编辑>变换路径>旋转"命令，对图形进行旋转，如图3-160所示。复制形状，执行"编辑>变换>水平翻转"命令，并拖移至合适的位置，如图3-161所示。

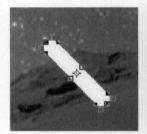 

图3-160　旋转白色形状　　　**图3-161　复制拖移形状**

06 合并"圆角矩形1"和"圆角矩形1复制"，修改"混合模式"为"叠加"，如图3-162所示。打开"字符"面板设置参数，并在画布中输入文字，如图3-163所示。

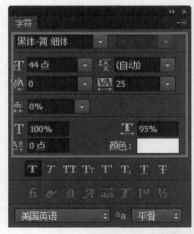

图3-162　合并叠加

图3-163　输入文字

07 修改图层"混合模式"为"叠加",如图3-164所示。图像效果如图3-165所示。

图3-164　叠加图层

图3-165　图像效果

08 使用相同的方法绘制相似内容制作,如图3-166所示。使用"圆角矩形工具"在画布中创建白色的形状,调整不透明明度为40%,如图3-167所示。

图3-166　相似内容制作

图3-167　创建白色形状

09 使用"椭圆工具"在"选项"栏中设置"路径操作"为"减去顶层形状",创建出如图3-168所示。使用相同的方法绘制相似形状,如图3-169所示。

图3-168　创建圆形状

图3-169　绘制相似形状

10 使用"椭圆工具"绘制正圆,调整位置和大小,如图3-170所示。使用"添加锚点工具"在如图3-171所示的位置添加锚点。

图3-170　绘制合适正圆

图3-171　添加锚点

⑪ 使用"路径选择工具"调整锚点位置，如图3-172所示。新建图层，使用"圆角矩形工具"绘制矩形，如图3-173所示。

图3-172　调整锚点位置

图3-173　绘制圆角矩形

⑫ 使用"矩形工具"，设置"填充"为无，"路径操作"为"减去顶层形状"，在图像中绘制，如图3-174所示。设置"路径操作"为"合并形状组件"，在弹出的对话框中单击"是"按钮，合并形状路径，图像效果如图3-175所示。

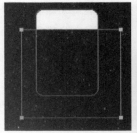 

图3-174　减法部分形状　　图3-175　合并形状

⑬ 调整图像的位置及大小，效果如图3-176所示。将相关图层合并，调整该图层的不透明度为40%，如图3-177所示。

图3-176　调整图像　　图3-177　合并调整图层

⑭ 调整图形的位置，最终效果如图3-178所示。

图3-178　最终效果

综合案例——绘制iOS 9 游戏中心界面

本案例为读者介绍了iOS 9中游戏中心界面的制作方法与步骤。因为iOS 9遵从"更加扁平化"

的设计风格，所以本界面的制作方法非常简单，从图像中就可以看出本案例除了一些简单的文字外，只有一些简单的图形组成，如图3-179所示。

图3-179　iOS 9中的游戏界面

使用到的技术	钢笔工具、选区工具、文字工具
规格尺寸	1136×640（像素）
视频地址	视频\第3章\绘制iOS 9 游戏中心界面.swf
源文件地址	源文件\第3章\绘制iOS 9 游戏中心界面.psd

01 执行"文件>新建"命令，新建一个空白文档，如图3-180所示。执行"文件>打开"命令，使用"矩形工具"填充颜色为RGB(248、248、248)，在画布中绘制矩形，如图3-181所示。

图3-180　新建空白文档

图3-181　画布中绘制矩形

02 打开素材"第3章\素材\004.png"，并将其拖入到画布顶端，如图3-182所示。打开"字符"面板设置参数值，如图3-183所示。

图3-182　打开素材并拖动　　图3-183　设置字符参数

03 在画布中输入文字，如图3-184所示。使用"直线工具"在画布中绘制"填充"为RGB（193、193、193）的直线，如图3-185所示。

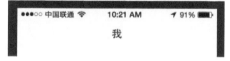

图3-184　输入文字

图3-185　绘制直线

04 将相关图层进行编组，如图3-186所示。选择"圆角矩形工具"，设置"填充"为"无"，"描边"为RGB（80、69、204），在画布中绘制形状，如图3-187所示。

图3-186　相关图层编组

图3-187　绘制形状

05 选择"钢笔工具"，设置"工具模式"为"合并形状"，在画布中绘制形状，如图3-188所示。打开"字符"面板设置参数值，如图3-189所示。

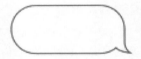

图3-188　合并绘制形状

图3-189　设置参数

06 在画布中输入相应的文字，并修改图层"不透明度"为50%，如图3-190和图3-191所示。

图3-190　输入文字

图3-191　修改不透明度

07 使用相同的方法完成相似制作，如图3-192所示。将相关图层进行编组调整图层模式为"穿透"如图3-193所示。

图3-192　完成相似制作

图3-193　相关图层编组

08 执行 "文件>打开" 命令，打开素材 "第
3章\素材\005.png"，将其拖入到画布中，如图
3-194所示。复制该形状至下方，适当调整其位置
和大小，如图3-195所示。

图3-194　素材拖入画布

图3-195　复制该形状

09 单击 "图层" 面板下方的 "创建新的填充或
调整图层" 按钮，在弹出的下拉菜单选择 "可选
颜色" 选项，如图3-196所示。在弹出的 "属性"
面板选择 "红色" 设置参数，如图3-197所示。

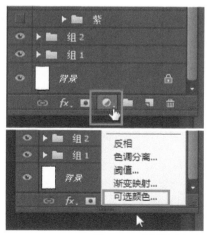

图3-196　选择填充颜色

图3-197　设置红色参数

10 选择 "黄色" 和 "中性色" 设置各项参数，
如图3-198和3-199所示。

图3-198　设置黄色参数

图3-199　设置中性色参数

> **提示：**也可执行 "图像>调整>可选颜色" 命令，
> 在弹出的 "可选颜色" 对话框设置各项参数后单击 "确
> 定" 按钮即可。但执行该命令后不会生成调整图层，无
> 法在对其进行修改，因此在没有熟练掌握该命令的情况
> 下，最好不要执行该命令。

⑪ 设置完成后图像效果如图3-200所示。再次复制并绘制其他图像，如图3-201所示。

图3-200　图形效果

图3-201　复制其他图像

⑫ 单击"图层"面板下方的"创建新的填充或调整图层"按钮，在弹出的下拉菜单选择"色相/饱和度"选项并在"属性"面板设置参数，如图3-202所示。图形效果如图3-203所示。

图3-202　选择并设置参数　　图3-203　图形效果

⑬ 关闭该面板，复制该调整图层，再次打开"色相/饱和度"面板，单击面板底部的"恢复到调整默认值"按钮，选择"黄色"设置各项参数，如图3-204所示。单击面板中的"吸管工具"按钮，鼠标在画布中单击绿色部分，如图3-205所示。

图3-204　选择黄色设置参数　图3-205　单击吸管和绿色

⑭ 选择"绿色2"设置参数，如图3-206所示，图像效果如图3-207所示。

图3-206　设置"绿色2"参数　　图3-207　图像效果

⑮ 使用相同的方法完成相似内容制作，如图3-208所示。打开"字符"面板设置参数值，如图3-209所示。

图3-208　完成相似制作　　图3-209　设置字符参数

⑯ 在画布中输入文字，如图3-210所示。相同的方法输入其他文字，如图3-211所示。

图3-210　画布输入文字　图3-211　同法输入其他文字

⑰ 将相关图层进行编组，重命名为"泡泡"，如图3-212所示。使用相同的方法在画布中绘制矩形，如图3-213所示。

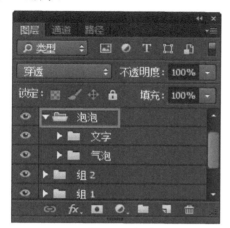

图3-212　相关图层编组命名

图3-213　同法绘制矩形

⑱ 复制"直线"图层，双击缩览图，打开"图层样式"对话框，选择"投影"选项，设置参数如图3-214所示。图像效果如图3-215所示。

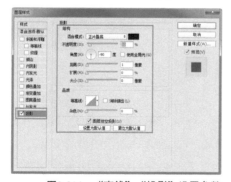

图3-214　"直线""投影"设置参数

图3-215　图像效果

⑲ 新建图层，使用"椭圆选区工具"在画布中创建选区，如图3-216所示。使用"油漆桶工具"为选区填充颜色为RGB（88、86、214），如图3-217所示。

图3-216　创建选区　　　　图3-217　填充颜色

⑳ 选择"钢笔工具"，设置"工具模式"为"路径"，在画布中绘制路径，如图3-218所示。按快捷键【Ctrl+Enter】键将路径转换为选区，如3-219所示。

图3-218　绘制路径　　　　图3-219　路径转换为选区

㉑ 使用"油漆桶工具"为选区填充白色，如图3-220所示。使用相同的方法完成相似制作，如图3-221所示。

图3-220　选区填充颜色　　　图3-221　同法相似制作

㉒ 使用"椭圆工具"在画布中创建选区，如图3-222所示。新建图层，执行"编辑>描边"命令，在弹出的"描边"对话框设置各项参数，如图3-223所示。

图3-222　创建选区　　　　图3-223　设置描边参数

23 设置完成后单击"确定", 按钮, 图像效果如图3-224所示。设置完成后单击"确定"按钮, 图像效果如图3-225所示。

图3-224 设置确定后效果 图3-225 设置完成后确定

24 使用相同的方法完成相似内容制作, 并对相关图层编组, 图像和"图层"面板如图3-226和图3-227所示。

图3-226 最后图像效果 图3-227 图层面板效果

综合案例——绘制游戏小界面

该案例主要制作iOS游戏界面的背景和对话框, 对话框是由多个圆角矩形重叠组成, 制作时注意在圆角矩形的边缘有发光的效果和高光。使背景看起来更有立体感。最终效果如图3-228所示。

图3-228 iOS游戏界面

使用到的技术	钢笔工具、圆角矩形工具、文字工具
规格尺寸	960×640（像素）
视频地址	视频\第3章\绘制游戏小界面.swf
源文件地址	源文件\第3章\绘制游戏小界面.psd

01 执行"文件>新建"命令, 新建一个960×640像素的空白文档, 如图3-229所示。执行"文件>打开"命令, 打开素材"第3章\素材\007.jpg", 如图3-230所示。

图3-229 新建空白文档

图3-230 打开素材

02 新建图层, 使用"圆角矩形"在画布中绘制一个"半径"为90像素的圆角矩形路径, 将其转换为选区, 填充颜色为RGB（40、107、143）, 如图3-231所示。双击图层的缩览图, 在"图层样式"对话框中, 选择"外发光"选项进行相应设置, 如图3-232所示。

图3-231 创建圆角矩形选区并填充

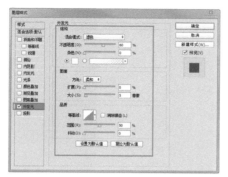

图3-232　设置外发光

03　图形效果如图3-233所示。按住【Ctrl】键单击图层，载入图层选区，执行"选择>修改>收缩"命令，将其收缩2像素，新建图层，为选区填充颜色为RGB（0、74、118），如图3-234所示。

图3-233　图形效果

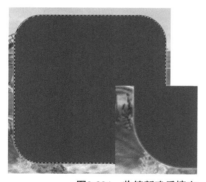

图3-234　收缩新建后填充

04　使用相同方法完成相似内容制作，如图3-235所示。按住【Ctrl】键单击该图层，载入选区，执行"选择>修改>收缩"命令，将其收缩3像素，新建图层，为选区填充颜色为RGB（27、106、129）到RGB（3、4、25）的线性渐变，如图3-236所示。

图3-235　同法相似制作

图3-236　收缩新建后填充

05　打开"图层样式"对话框，选择"内阴影"选项进行相应设置，如图3-237所示。图形效果如图3-238所示。

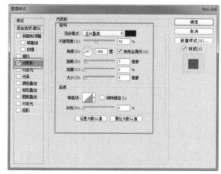

图3-237　设置内阴影

图3-238　图形效果

06 在"图层2"上方，新建图层，载入"图层2"选区设置"前景色"为RGB（6、212、230），使用"画笔工具"在画布中适当涂抹，效果如图3-239所示。使用相同方法在"图层3"上方新建图层，载入"图层3"选区适当涂抹画布，效果如图3-240所示。

图3-239 图层2效果

图3-240 图层3效果

07 使用相同方法完成其他高光的制作，如图3-241所示。使用"钢笔工具"，设置"填充"为RGB（19、57、83），在画布中绘制形状，效果如图3-242所示。

图3-241 完成其他高光制作

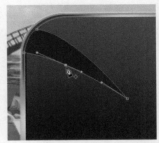

图3-242 填充绘制形状

08 修改图层"不透明度"为50%，并为其创建剪贴蒙版，效果如图3-243和图3-244所示。

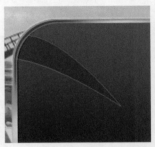

图3-243 创建剪贴蒙版

图3-244 修改不透明度

09 使用相同方法完成相似内容的制作，效果如图3-245所示。使用"直线工具"在画布中绘制一条"粗细"为3像素的白色直线，效果如图3-246所示。

图3-245 同法完成相似制作

图3-246　绘制白色直线

⑩ 按快捷键【Ctrl+T】，将形状向右下方移动，按【Enter】键确认变形，多次按快捷键【Ctrl+Alt+Shift+T】得到形状效果如图3-247所示。修改"不透明度"为10%，为其创建剪贴蒙版，效果如图3-248所示。

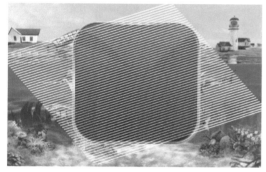

图3-247　移动变形后效果

图3-248　创建剪贴蒙版

> 提示：第4步骤中，绘制第3个圆角矩形时，按【Ctrl】键单击"图层3"载入选区，执行"选择>修改>收缩"命令，收缩5像素，执行"选择>修改>羽化"命令，弹出"羽化选区"对话框，设置"羽化值"为5像素，新建图层，为选区填充颜色为RGB（62、148、173）。

⑪ 将绘制的图层进行编组，重命名为"框架"，图层面板如图3-249所示。使用"圆角矩形工具"在画布中绘制一个"半径"为9像素的任意颜色圆角矩形，如图3-250所示。

图3-249　图层编组重命名

图3-250　任意颜色圆角矩形

⑫ 双击该图层缩览图，弹出"图层样式"对话框，选择"渐变叠加"选项进行相应设置，如图3-251所示。选择"投影"选项进行相应设置，如图3-252所示。

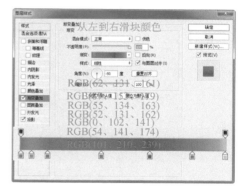

RGB(62、131、61)
RGB(15、129、169)
RGB(55、134、163)
RGB(52、131、162)
RGB(0、102、141)
RGB(54、141、174)
RGB(101、210、239)

图3-251　设置渐变叠加

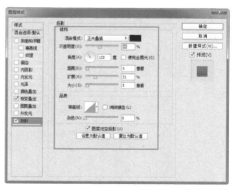

图3-252　设置投影

⑬ 图形效果如图3-253所示。新建图层，载入图层选区，使用"画笔工具"在画布中涂抹，绘制按钮的高光，如图3-254所示。

图3-253　图形效果

图3-254　绘制按钮高光

⑭ 打开"字符"面板设置各参数，如图3-255所示。使用"横排文字工具"在画布中输入文字，如图3-256所示。

图3-255　设置字符参数

图3-256　画布输入文字

⑮ 将该图层经行栅格化文字，按住【Ctrl】键单击图层，载入文字选区，如图3-257所示。使用"渐变工具"为画布填充线性渐变，如图3-258所示。

图3-257　栅格化文字载入

RGB(185、255、255)
RGB(255、255、255)
RGB(53、219、225)

图3-258　填充线性渐变

⑯ 双击该图层缩览图，弹出"图层样式"对话框，选择"投影"选项进行相应设置，如图3-259所示。图形效果如图3-260所示。

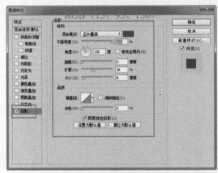

图3-259　设置投影

图3-260　图形效果

⑰ 将相关图层进行编组命名为"按钮1"，如图3-261所示。复制该组两次，修改其中的文字，如图3-262所示。

图3-261　相关图层编组命名

图3-262　复制两次并修改文字

(18) 打开"字符"面板设置各参数，如图3-263所示。使用"横排文字工具"在画布中输入文字，如图3-264所示。

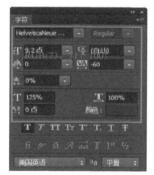

图3-263　设置字符参数

图3-264　画布输入文字

(19) 双击该图层缩览图，弹出"图层样式"对话框，选择"描边"选项进行相应设置，如图3-265所示。图形效果如图3-266所示。

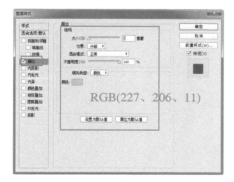

图3-265　设置描边

图3-266　图形效果

(20) 复制该图层，在"字符"面板中修改各参数值，适当调整文字位置，并使用相同方法为其添加"描边"，如图3-267所示。新建图层，载入文字选区，使用"画笔工具"适当涂抹文字，制作高光效果，如图3-268所示。

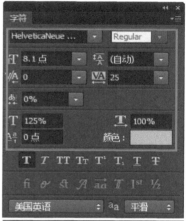

图3-267　调整文字并描边

图3-268　制作高光效果

(21) 打开素材文件"第5章\素材\008.png、009.png、010.png"，将其拖入到设计文档，适当调整位置，如图3-269所示。最终效果，如图3-270所示。

图3-269　适当调整位置

75

图3-270　最终效果

3.9　本章小结

　　本章主要介绍了设计iOS系统界面的设计规范、图标的设计尺寸及规范，讲解了界面的各个组成元素的绘制和基本图形的运用。使读者掌握了设计界面时元素的尺寸和大小，熟悉了绘制各元素的特点。通过案例的形式，给读者讲解绘制了界面中最基本的组成元素。

练习题

一、填空题

1. iOS 系统界面设计规范（　　　　）、（　　　　　　　　　　　）和重新考虑基于 web 的设计。

2. 一个完整的（　　　　）是由许多不同的（　　　　）组成的。

3. 常见的图形元素有（　　）、（　　）、（　　）和圆角矩形以及一些不规则的形状。

4. （　　　　）在 iOS APP 制作中是一种使用最广泛的界面组成图形元素。

5. （　　　　　　），在设计过程中对象的造型完全模拟现实生活中物体的外形，力求外形的（　　　　）。

二、选择题

1. iOS 有（　　）、小图标、（　　）（　　）、导航栏、工具栏和 Tab 栏上用的多种图标。

A. 程序图标、状态栏图标、Web 快捷图标

B. 程序图标、文档图标、通知图标

C. 启动图标、文档图标、Web 快捷图标

D. 程序图标、文档图标、Web 快捷图标

2. （　　）的核心是在设计中摒弃高光、阴影、纹理和渐变等装饰性效果，通过（　　）或简化的图形设计元素来表现。

A. 扁平化设计、立体化

B. 拟物化、符号化

C. 扁平化设计、符号化

D. 拟物化、符号化

3. （　　）、（　　）、（　　）3 方面，表现了 iOS 9 界面简洁清晰特点。

A. 依从用户、扁平化设计、视觉纵深

B. 依从用户、清晰易读、视觉纵深

C. 依从用户、清晰易读、采用留白的手法

D. 依从用户、深层传递层次、视觉纵深

4. 在 Photoshop 中创建剪贴蒙版的快捷键是（　　），盖印图层的快捷键是（　　）。

A. Ctrl+Alt+G 、Ctrl+Alt+Shift+T

B. Ctrl+Alt+Shift+T、 Ctrl+Alt+G

C. Shift＋Ctrl＋I、Ctrl+Alt+Shift+T

D. Ctrl+Alt+G、Shift＋Ctrl＋I

5. 有关"羽化"的说法正确的是（　　）。

A. 不可在建立选区之前设置羽化值

B. 对选区进行羽化可执行"编辑>羽化"命令

C. 任意大小的选区均可进行某个数值的羽化

D. 可在选区建立后羽化

三、简答题

iOS 应用程序中往往会包含有丰富的图形元素，无论是显示用户照片还是定制化的插图，在制作使用时需要注意哪几点？

第 4 章 Android系统应用

随着Android平台的发展，应用界面逐渐形成了一套统一的规则界面。在设计一套产品时，无论是交互层面还是视觉层面，都要认真考虑设计平台的问题，既保证界面的易用性同时又不缺乏创新。

几乎所有的系统平台都倾向于打造独特的交互和视觉模式，从而吸引自身的用户群体。作为一款App，除了有美观的UI之外，合理的操作和行为模式也是必备的条件。

4.1 Android App UI概论

Android系统UI提供的框架包括了主界面（Home）的体验、设备的全局导航及通知栏。为确保Android体验的一致性和使用的愉快度，需更加充分地利用App。图4-1、图4-2和图4-3所示为主界面、App界面以及最近任务界面。

图4-1　主界面

图4-2　App界面

图4-3　最近任务界面

主界面

主界面是一个可以定制收藏App、文件夹和小工具的地方。用户可以通过横向滑动屏幕来导航不同的页面，如图4-4所示。

无论处于哪个页面，在主页面底部始终有一栏"启动栏"，用户可以将比较常用的App和文件夹放到这里，以便能够快速启动。

图4-4　通过横向滑动屏幕导航不同页面

应用程序界面

用户可以单击屏幕下方"我的最爱"栏中的▦图标打开所有应用界面。所有应用界面中存放着设备中安装的全部App应用程序，如图4-5所示。用户可以随意拖曳App或小工具图标，到达主界面中的任意面板空白位置放下，即可将其添加到主界面中。

图4-5　所有应用界面中存放着设备中安装的全部应用程序

最近任务栏

在该界面可以快速切换最近使用的App，它为多个同时进行的任务提供了一个清晰的导航路径，如图4-6所示。

图4-6　最近任务栏

4.2　Android App UI设计原则

为了保持用户的兴趣，Android用户体验设计团队设定了以下原则，把它当成自己的创意和设计的思想。

惊喜

无论是漂亮的界面还是一个适时的声音效果都是体验的乐趣，微妙的效果都可以营造出令人惊喜的操作体验，如图4-7所示。

真实对比按钮和菜单更有趣

让用户直接触摸App里的对象，可以减少执行任务的认知负担，同时可以更多地满足情感需求，如图4-8所示。

图4-7　惊喜体验

图4-8　真实对比感受

个性化

用户喜欢增加个人的东西，让人感觉更有亲切感及控制感。提供实用、漂亮、有趣、可定义且不妨碍主要任务的默认设置，如图4-9所示。

记住用户的习惯

跟随用户的使用行为，避免重复提问用户，如图4-10所示。

图4-9　个性化

图4-10　记住用户习惯

表达应尽量简洁

尽量使用简短的句子，过长的语句会使用户没耐心而跳过，如图4-11所示。

图片比文字更容易理解

使用图片代替文字解释想法，容易获得用户的更多注意力，比文字更有效率，如图4-12所示。

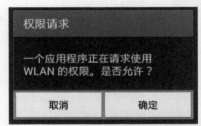

图4-11　表达尽量简洁

图4-12　图片比文字更有效率

为用户做决定

要尽最大的努力去猜用户的想法，而不是什么都问用户，太多的选择和问题会让用户感到厌烦。为了预防猜测是错的，要提供后退操作，如图4-13所示。

选择性显示内容

用户看到太多选择会不知所措，把任务和信息打散成容易操作的内容，隐藏此时不必要的操作选项，如图4-14所示。

图4-13　为用户做决定

图4-14　选择性显示内容

此时的位置

让用户知道自己的位置，让App每页看上去都有区别，使用转场显示每个屏之间的关系，在任务进程中提供清晰的反馈，如图4-15所示。

永不丢失东西

保存用户自定义的东西，并在任何地方都可以获取他们。记住设置，个性化触控，及创建电话、平板电脑和电脑之间的同步，如图4-16所示。

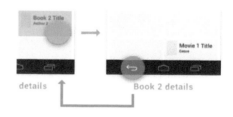

图4-15　清晰的反馈

图4-16　永不丢失东西

避免视觉和操作上的误导

使每个操作的视觉上区别更大一些，避免那些看上去差不多的样式但操作起来却不一样，如图4-17所示。

拒绝不重要的打扰

帮助用户挡住一些不重要的骚扰，因为打断会令人费神且沮丧，所以用户希望保持专注，除非是非常重要和求实效的事情才愿意被打断，如图4-18所示。

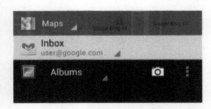

图4-17 避免视觉和操作上的误导

图4-18 拒绝不重要的打扰

通用的操作方式

利用其他Android App已有的视觉样式和通用方式，让用户学习App变得容易。例如，横划操作就是一个很好的导航快捷切换方式，如图4-19所示。

让用户改正时要温和些

当用户使用App时会期望它很智能，如果出了问题，能给出清晰的恢复指引，而不是详细的技术报告，如图4-20所示。

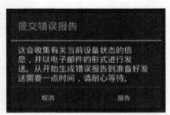

图4-19 通用的操作方式

图4-20 智能提示改正

反馈

把复杂的任务分拆成容易完成的小步骤，即使操作有了很小的改变也要给出反馈，如图4-21所示。

图4-21 详细反馈

重要的操作更灵敏

让用户容易发现哪些是重要的功能并且使用起来非常灵敏，例如照相机的快门和音乐播放器的暂停，如图4-22所示。

图4-22 重要的操作更灵敏

4.3　Androd界面设计风格

很多开发者都想把自己的App发布到不同的平台上，以便更多的用户可以下载使用。如果你正在准备着手开发一款应用于Android平台上的App，那么要记住，不同的平台有不同的规则。在一个平台上看似完美的做法未必同样适用于其他的平台。

4.3.1　设备与显示

无论是手机、平板电脑还是其他设备，它们都具有不同的屏幕尺寸和构成元素。Android系统可以灵活的转换不同大小的App，来适应不同高度和宽度的屏幕。图4-23所示为不同尺寸的设备，图4-24所示为不同尺寸的图标。

图4-23　不同尺寸的设备

图4-24　不同尺寸的图标

4.3.2　主题样式

主题样式是Android为了保持App或操作行为的视觉风格一致而创造的机制。风格指定了组成用户界面元素的视觉属性，如颜色、高度，空白

及字体大小。为了各个App在平台上达到更好的统一效果，这次棒棒糖系统为App提供了3套系统主题，如图4-25所示分别是3种不同的主题。

图4-25　3种不同的主题

4.3.3　单位和网格

通过为不同屏幕大小设计不同的布局，不同屏幕密度提供不同的位图图像，来优化App的用户界面，如图4-26所示。

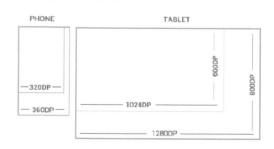

图4-26　针对性设置

提示：当设计不同尺寸的屏幕时，有以下两种方法。

- 使用标准尺寸，然后放大或缩小，以适应到其他尺寸。
- 使用设备的最大尺寸，然后缩小，并适应到需要的小屏幕尺寸。

可触摸的UI元件的标准尺寸为48dp，转换成物理尺寸约为9毫米。建议的目标大小为7—10毫米的范围，因为这是手指能准确并舒适触摸的区域，如图4-27所示。

图4-27　建议尺寸

每个UI元素之间的间距为8dp，如图4-28所示。

图4-28　UI元素间距

提示：无论在什么屏幕上，触摸目标绝不可以比建议的最低目标小。所以设计的元素高和宽至少48dp，使整体信息密度的和触摸目标大小之间取得了一个很好的平衡。使用标准尺寸，然后放大或缩小，以适应到其他尺寸，如图4-29所示。

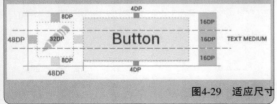

图4-29　适应尺寸

4.3.4　触摸反应

为了加强手势行为的结果并使用颜色和光作为触摸的反馈，当任何时候触摸一个可操作区域都要提供视觉反馈，使用户知道哪些可操作。图4-30为HOME键的触摸反馈。

当用户尝试滚动超过内容边界时，要给出名确的视觉线索。例如，当用户在第一个HOME屏向左滚动时，屏幕的内容就会向右倾斜，让用户知道再往左方的导航是不可用的，如图4-31所示。

图4-30　触摸反馈

图4-31　视觉线索

在Android中，大部分的UI元素都内置有触摸反馈，包括暗示触摸元素是否有效果的状态，如图4-32所示。

当操作更复杂的手势时，触摸反馈可以暗示用户操作的结果。例如，在最近任务里，当横划缩略图时会变暗淡，暗示横划会引起对象的移除，如图4-33所示。

图4-32　暗示触摸元素

图4-33　暗示操作结果

4.3.5 字体

Android的设计语言依赖于传统的排版工具，如大小、控件、节奏以及与底层网格对齐。成功的应用这些工具可以快速帮助用户了解信息，如图4-34所示。

ICE CREAM
Roboto
SUNGLASSES
Self-driving robot ice cream truck
Fudgesicles only 25¢
Marshmallows & almonds
#9876543210
Music around the block
Summer heat rising up from the sidewalk

图4-34　传统工具

为了更好支持排版，Android冰淇淋三明治介绍一种新的字体：Roboto，专门为高分辨率屏幕下的UI而设。目前TextView的框架默认支持常规，粗体，斜体和粗斜体，如图4-35所示。

Roboto Regular

ABCDEFGHIJKLMN
OPQRSTUVWXYZ
abcdefghijklmn
opqrstuvwxyz

Roboto Bold

ABCDEFGHIJKLMN
OPQRSTUVWXYZ
abcdefghijklmn
opqrstuvwxyz

图4-35　新的字体

为了创建有序的、易于理解的布局。界面中通常会使用不同大小的字体。但是，在相同的用户界面中避免使用过多的不同大小字体，否则界面会很乱。Android框架中使用的文字大小标准如图4-36所示。

提示：Android UI的默认颜色样式为textCorlorPrimary和textColorSecondary。浅色主题颜色样式为textColorPrimaryInverse和textColorSecondaryInverse。下图为深色主题与浅色主题的两种文字。

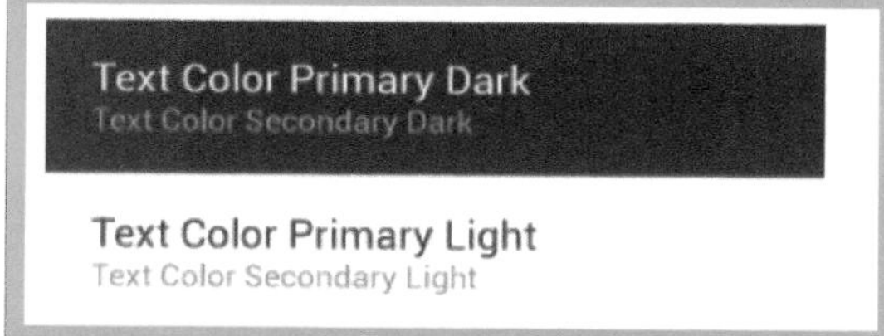

Text Color Primary Dark
Text Color Secondary Dark

Text Color Primary Light
Text Color Secondary Light

图4-36　字体大小标准

4.3.6 颜色

在界面中，颜色可以强调内容。选择适合品牌的颜色，为视觉元素提供了更好的对比，注意的是红绿颜色对红绿色盲不适用，如图4-37所示。

图4-37　颜色适中

在Android调色板中，标准的颜色为蓝色，每个颜色都有对应的一系列饱和度，供需要的时候使用，如图4-38所示。

图4-38　颜色饱和度

4.3.7 图标

图标为操作、状态和App提供了一个快速且直观的表现形式，如图4-39所示。Android系统中的图标主要可以分为启动图标、操作栏图标和小图标等。每种图标的尺寸和规范均不相同，需要根据实际用途决定图标的大小。

图4-39　图标

> **提示**：Android系统的主界面启动图标风格与iOS 8图标风格不同，制作时应该明确二者之间的差异性。

启动图标

为启动图标制定一个独特的设计风格，视觉上达到从上向下透视的效果，使用户可以感觉到有一定深度。

启动图标在界面中代表App的视觉表现，确保启动图标在任意壁纸上都清晰可见。如图4-40所示为Android启动图标。

图4-40　启动图标

> **提示**：在移动设备上启动图标的尺寸必须是48×48dp，在应用市场上启动图标尺寸必须是512×512dp，图标的整体大小为48×48dp。

操作栏图标

操作栏图标是简单的平面按钮，用来传达一个单纯的概念，并能让用户对该图标的作用一目了然。图4-41和图4-42所示为Android的操作栏图标。

图4-41　操作栏图标

图4-42　操作栏图标

> **提示**：手机的操作栏图标尺寸是32×32dp，整体大小为32×32dp，图形区域为24×24dp。如果图形线条太长（如电话、书写笔），向左向右旋转45度，以填补空间的焦点；描边和空白之间的间距应至少2dp。

操作栏的图标为平面风格，通常为流畅的曲线或尖锐的形状，图4-43和图4-44所示为不同颜色的操作栏。

- 颜色：#FFFFFF
- 可用：80%透明度
- 禁用：30%透明度

图4-43　操作栏A

- 颜色：#333333
- 可用：60%透明度
- 禁用：30%透明度

图4-44　操作栏B

小图标

小图标是App中用来提供操作或特定项目

的状态。例如，在Gmail App中，消息前星形图标，标记为重要消息，如图4-45所示。

图4-45　小图标

> **提示**：小图标的尺寸为16×16dp，整体大小为16×16dp，可视区域为12X12dp，小图标为中性、平面简洁风格。

使用单一的视觉隐喻，使用户可以很容易的识别和理解其目的。带目的性的为图标选择颜色，例如，Gmail使用黄色的星形图标表示标记消息，如图4-46所示。

图4-46　选择颜色

通知图标

每当有新通知时，状态栏会显示通知图标。用来提醒用户查看通知，图4-47所示为Android的通知图标。

图4-47　通知图标

手机的通知图标尺寸是24×24dp，整体大小是24×24dp，可视区域22×22dp，保持风格的平面化和简洁，使用与启动图标的视觉隐喻。

通知图标必须是完全白色，而且系统可能会缩小或变暗图标，如图4-48所示。

图4-48　手机的通知图标

案例　绘制Android通知图标

该案例主要制作通知图标，白色的图标由矩形工具和钢笔工具绘制而成，没有任何的图层样式。该案例的难度不大，注意钢笔工具的使用。最终效果如图4-49所示。

图4-49　白色图标

使用到的技术	矩形钢笔工具
规格尺寸	512×512（像素）
视频地址	视频\第4章\绘制Android通知图标.swf
源文件地址	源文件\第4章\绘制Android通知图标.psd

01 执行"文件>新建"命令，新建一个空白文档，如图4-50所示。为画布填充黑色，使用"矩形工具"绘制一个421×421像素白色的矩形，如图4-51所示。

图4-50 新建空白文档

图4-51 绘制白色矩形

02 设置"路径操作"为"减去顶层形状",绘制形状,如图4-52所示。使用相同方法绘制一个矩形,如图4-53所示。

图4-52 绘制减去顶层形状

图4-53 同法绘制矩形

03 使用"钢笔工具",设置"路径操作"为"与形状区域相交",继续绘制形状,如图4-54所示。隐藏"背景"图层,执行"图像>裁切"命令,裁切多余的透明像素,如图4-55所示。

图4-54 形状区域相交

图4-55 裁切多余透明像素

04 执行"文件>存储为Web所用格式"命令,在弹出的对话框中设置各参数,如图4-56所示。最终效果如图4-57所示。

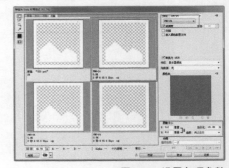

图4-56 设置各项参数

图4-57 最终效果

提示：一般在制作图标时都会创建较大尺寸的文档，会使用矢量形状创建图标，制作完成后也会将其优化，并存储为不同的尺寸，以满足不同界面的使用。

4.3.8　写作风格

当为App写句子时，注意以下几条规则。

保持简短

简明、准确。从限制使用30个字符（包括空格）开始，除非必要，绝对不增加字符，如图4-58所示。

保持简单

使用简短的话，主动动词和普通名词，如图4-59所示。

图4-58　保持简短

图4-59　保持简单

保持友好

使用缩写，直接使用第二人称，避免唐突和骚扰，使用户感到安全，愉快，充满活力，如图4-60所示。

图4-60　保持友好

先讲最重要的事情

前两个单词（约11个字符，包括空格）至少包括一个最重要的信息；如果不是这样，重新开始，如图4-61所示。

图4-61　先讲最重要的事情

仅描述必要的，避免重复

不要试图解释细微的差别，如果一个重要的词或一段文本内不断重复，办法只用一次，如图4-62所示。

图4-62　避免重复

4.4　Android App常用结构

Android平台为用户提供了多种多样的App，以满足不同的需求，例如。

- 计算器或照相机，这类App往往只有一个核心功能；

电话，这类App的主要目的是在不同操作中
进行切换，而不是更深层系的导航；

应用市场，这类App往往包含一系列更深层
级的内容视图。

一款App采用怎样的结构，主要取决于想要
为用户展示什么内容和任务。通常来说，一个
典型的Android App包含顶级视图和详情\编辑视
图。如果导航的层级结构深而复杂，那么目录视
图可以用于连接顶级视图和详情试图，如图4-63
所示。

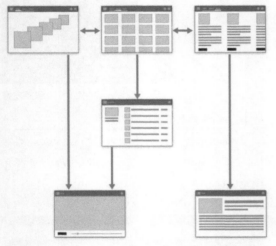

图4-63　Android App常用结构

• 顶级视图

视图既可以展示相同内容的不同呈现方式，
又可以展示App的不同功能模块。App的顶级视
图通常包括其支持的不同视图。

• 目录视图

目录视图允许用户进入更深层级的内容。

• 详情/编辑视图

详情/编辑视图是用户浏览或创建内容的
地方。

4.5　控件设计

Android App为用户提供许多方便操作的小控
件，一套完整的Android控件，共包括有选项卡、列
表、网格列表、滚动、下拉菜单、按钮、文本框、
滑块、进度条、活动、开关、对话框、选择器。

下面分别讲解控件的作用。

选项卡

要轻松探索Android App中的不同功能，可
以通过操作栏中的选项卡来完成，并且还可以
浏览不同分类的数据集，Android App中有三种
选项卡。

• 固定选项卡

固定选项卡可以显示所有项目，用户只要触
摸标签即可导航，如图4-64所示为Youtube的固定
选项卡。

图4-64　Youtube的固定选项卡

在Android App中，固定选项卡通常有深色和
浅色两种，如图4-65和图4-66所示。

图4-65　深色选项卡

图4-66　浅色选项卡

• 堆叠选项卡

如果在App制作中，导航必不可少，为了方
便在较窄的屏幕快速切换，可以再堆叠一个单独
的操作栏选项卡，如图4-67所示。

图4-67　堆叠选项卡

案例　绘制Android固定选项卡

本案例为读者介绍了Android App中固定选项卡的制作步骤。本案例制作方法是非常简单的，本案例中唯一的难点就是选项卡背景图层样式的控制。最终效果如图4-68所示。

图4-68　Android固定选项卡

使用到的技术	矩形工具、文字工具、钢笔工具、图层样式
规格尺寸	720×130（像素）
视频地址	视频\第 4 章\绘制Android固定选项卡.swf
源文件地址	源文件\第 4 章\绘制Android固定选项卡.psd

01 执行"文件>新建"命令，新建一个空白文档，如图4-69所示。选择"矩形工具"，设置"填充"为RGB（0、71、157），在画布中创建矩形，如图4-70所示。

图4-69　新建空白文档

图4-70　创建矩形

02 双击该图层缩览图，在弹出的"图层样式"对话框选择"内阴影"选项设置参数值，如图4-71所示。选择"渐变叠加"选项设置参数值，如图4-72所示。

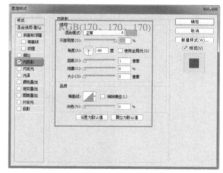

图4-71　设置内阴影参数值

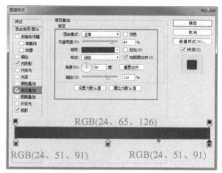

图4-72　设置渐变叠加参数值

03 选择"投影"选项设置参数值，如图4-73所示。设置完成后单击"确定"按钮，图像效果如图4-74所示。

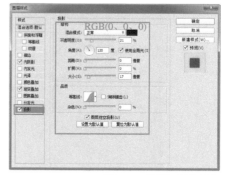

图4-73　设置投影参数值

图4-74　图像效果

04 选择"直线工具"，设置"填充"为RGB

（198、198、198），在画布中绘制直线，调整"不透明度"为25%，如图4-75所示。使用"自定义形状"工具绘制"填充"白色的图形，如图4-76所示。

图4-75　绘制直线

图4-76　绘制填充白色图形

05 双击该图层缩览图，在弹出的"图层样式"对话框选择"内阴影"选项设置参数值，如图4-77所示。图像效果，如图4-78所示。

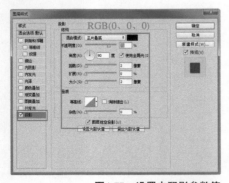

图4-77　设置内阴影参数值

图4-78　图像效果

06 使用相同的方法绘制相似形状，效果如图4-79所示。使用"矩形工具"绘制一个填充任意颜色的矩形，如图4-80所示。

图4-79　同法绘制相似形状

图4-80　绘制任意颜色矩形

07 双击该图层缩览图，在弹出的"图层样式"对话框选择"颜色叠加"选项设置参数值，如图4-81所示。图像效果，如图4-82所示。

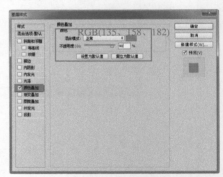

图4-81　设置颜色叠加参数值

图4-82　图像效果

08 打开"字符"面板适当设置参数值，如图4-83所示。在设计文档中输入文字，如图4-84所示。

图4-83　设置字符参数值

图4-84　输入文字

09 双击该图层缩览图，在弹出的"图层样式"对话框选择"投影"选项设置参数值，如图4-85所示。图像效果，如图4-86所示。

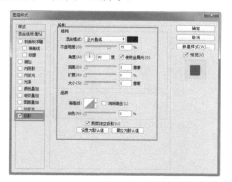

图4-85　设置投影参数值

图4-86　图像效果

10 使用相同的方法绘制其他文字，最终效果如图4-87所示。

图4-87　同法绘制其他文字

列表

列表可以被用作向下排列的导航和数据选取，可以纵向展现多行内容，如图4-88所示。

图4-88　列表

- 章节分割。

使用章节分割来帮助分组，组织内容，达到便于扫描的目的。

- 行。

列表可以容纳不同的数据组织形式，包括

单行、多行，其中也包含图标、复选框及操作按钮。

网格列表

网格列表最适合那些使用图像展示的数据，是替代标准列表的选择。与列表相对比，网格列表比较先进一些，它既可以水平滚动，也可以垂直滚动，如图4-89所示。

图4-89　网格列表

- 通用网格。

网格里的对象从两个方向组织，其中最常见的就是滚动的方向。

网格的组织顺序由滚动方向决定，网格的滚动方向是通过切断内容而确定的，因此用户才知道滚动方向。

在制作时避免在两个方向都滚动。

◆ 垂直滚动。

垂直滚动的网格列表项排序方式为从左到右、从上到下，这种方式是按照西方的阅读习惯而来。

垂直滚动的网格列表以切断底部内容、只显示一部分的方式显示列表，用户通过这种方式明白向下滚动可以看到更多，当用户旋转屏幕时，网格列表也是这种方式。

◆ 水平滚动。

与垂直滚动列表相对比，水平滚动列表排序方式略微有些改变，先从上到下，再从左到右，但与垂直滚动相同，水平滚动也是通过切断右边缘内容的方法向用户暗示滚动方向的。

如果使用滚动选项卡，最好配合使用垂直网格滚动列表，否则它们会冲突，所以不要同时使用滚动选项卡与水平滚动网格列表。

● 带标签的网格列表。

带标签的网格列表是使用标签来显示网格内容的附加信息，如图4-90所示。

展示标签时可以使用半透明面板覆盖在内容上，因为这样可以控制好背景与标签的对比，即使背景很亮，标签仍然很清晰。

图4-90　带标签的网格列表

滚动

用户可以通过滚动使用一个滑动的手势查看更多内容。滚动的速度由手势的速度决定。

● 滚动提示。

滚动时展示滚动提示，同样的不滚动不展示时也就不会提示，如图4-91所示。滚动提示表明在全部内容中显示内容的位置，如图4-92所示。

　　图4-91　滚动提示　　　图4-92　显示内容位置

● 索引滚动。

快速找到对象的另一种方法是带有字母列表的索引滚动。

索引滚动即使在不滚动的时候用户也能看到滚动提示，如图4-93所示。

用户通过触摸或拖动滚动条显示现在位置的字母，如图4-94所示。

　图4-93　索引滚动提示　　图4-94　其他方式显示

下拉菜单

Spinner为用户提供了一个快速选择的方式——选中的内容可以通过默认展示，用户可以通过触摸下拉框展示所有可选内容，如图4-95所示。

● 下拉菜单的形式。

下拉菜单能很好的与其他组成部分融合，是一种很常用的选取数据的形式。

下拉菜单既可以和其他输入控件结合使用，又可以进行简单的数据输入。例如，在输入框填写一个联系人的地址，使用下拉菜单可以选择该地址是家庭地址或工作地址。

● 在操作栏的下拉菜单。

使用操作栏上的下拉菜单切换视图。

例如，gmaiL使用下拉菜单可以允许进行帐户或常用的分类之间切换。下拉菜单对于App视图切换很有用，但如果切换的内容很重要时，就不适合用下拉菜单了，这时候最好使用选项卡。下拉菜单有浅色主体和深色主题两种。

图4-95　下拉菜单

按钮

文本和图形都被包括于按钮中。用户通过触摸按钮的行为触发信息。

Android App支持两种可以包含文本和图形的按钮：基础按钮和无边框按钮，如图4-96所示。

图4-96　基础按钮和无边框按钮

- 基础按钮。

基础按钮是有边框和背景颜色的传统按钮，如图4-97所示。

图4-97　基础按钮和背景颜色按钮

Android App支持两种样式的基础按钮：默认按钮和小按钮。默认按钮的字体较大，适合在内容框外显示。

小按钮的字体和最小高度较小，因此适合与内容一起显示。在需要与其他UI元素对齐的情况下通常使用小按钮。

- 无边框按钮。

无边框按钮没有边界或背景，类似于基础按钮。

无边框按钮也可以同时带有图标和文本，它能很好地与其他内容融合，在视觉上比基本按钮更轻巧。

文本框

文本框有单行也有多行，用户触摸一个文本框的区域，就会自动放置光标，并显示键盘，如图4-98所示。

文本框位置还有其他操作，例如自动检查的数据查找和文本选择（剪切，复制和粘贴），如图4-99所示。

- 单行和多行。

当输入到边缘时，单行的输入区域会自动把内容往左边滚，而多行输入区域当输入到边缘时则会自动换行。

图4-98　放置光标并显示键盘　　图4-99　文本框其他操作

- 文本框类型。

文本框可以是数字、信息或电子邮件地址类型。文本框允许的字符类型由文本类型决定，同时虚拟键盘由文本字符决定。

- 自动完成的文本框。

用户通过使用自动完成的文本框，弹出窗展示实时的补充或搜索结果，可以使输入信息更准确，更有效。

滑块

当需要从一段范围内进行选择时可以使用交互式的滑块。滑块通常左边为最小值，右边为最大值。

在音量、亮度、色彩饱和度、强度等设置中选用滑块为最好的选择，如图4-100所示。

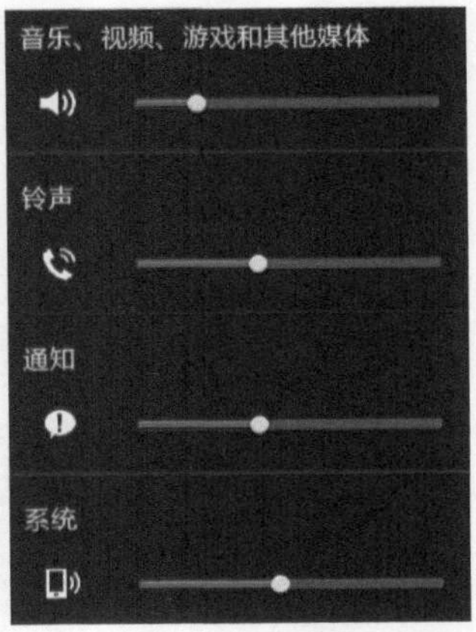

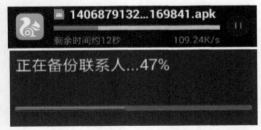

图4-100　滑块

若使用滑块设置铃声音量，该值可以通过硬件音量控制或此滑块完成。

进度条和活动

● 进程。

用户可以通过进度条知道任务已经完成的百分比，如图4-101所示。进度条通常应该是从0%到100%。在制作时避免使用一个进度条代表多个事件或把进度条设定到一个更低的值。

图4-101　进度条

在不确定一个进程需要多长时间的情况下，也要使用一个不确定的进度条。

● 活动。

可以用一个不确定的进度指标指示一个不知道将持续多久的进程。

不确定的进度指标有两种款式：一个长条和一个圆。制作时根据界面空间的大小选择合适的款式。

◆ 不确定进度条。

在程度的下载中会用到不确定的进度条。因为在应用市场还没链接到服务器情况下，不知道要多久才能下载完毕，所以只能使用不确定的进度条。

◆ 进度圈。

进度圈通常会用在某种程序中，下载或和下一级菜单交替时出现，在发邮件时也会出现，如图4-102所示。

图4-102　进度圈

在每个界面上，最好根据周围环境的大小进行适应，只使用一个进度指示。

例如，最大的进度圈在空白的内容中显示良好，但如果在一个小对话框中就不适用。

案例　绘制Android进度条

该案例主要制作进度条。该案例的制作方法很简单，只需绘制不同颜色的直线，需要注意的是在进度的交点处有发光的效果。最终效果如图4-103所示。

图4-103　进度条效果图

使用到的技术	圆角矩形、文字工具、图层样式
规格尺寸	683×99（像素）
视频地址	视频\第4章\绘制Android进度条.swf
源文件地址	源文件\第4章\绘制Android进度条.psd

01 执行"文件>新建"命令，弹出"新建"对话框，新建一个空白文档，如图4-104所示。新建图层，设置"前景色"为RGB（29、46、60），按【Alt+Delete】组合键为画布填充颜色，如图4-105所示。

图4-104　新建空白文档

图4-105　填充画布

02 使用"圆角矩形工具"，设置"半径"为4像素，在画布中绘制一个白色的圆角矩形，如图4-106所示。双击该图层缩览图，弹出"图层样式"对话框，选择"外发光"选项进行相应设置，如图4-107所示。

图4-106　绘制白色圆角矩形

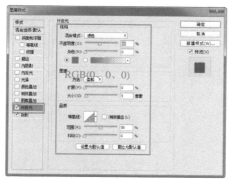

图4-107　设置外发光选项参数

03 选择"投影"选项进行相应设置，如图4-108所示。图像效果如图4-109所示。

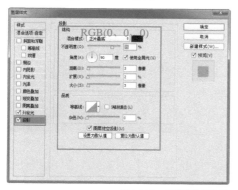

图4-108　设置投影参数

图4-109　图像效果

04 调整该图层的"不透明度"为20%，图像效果如图4-110所示。"图层"面板如图4-111所示。

图4-110　调整透明度

图4-111　图层面板

05 使用相同方法绘制其他形状，如图4-112所示。打开"字符"面板适当设置参数值，如图4-113所示。

图4-112　绘制其他形状

图4-113　设置字符参数

06 在设计文档中输入文字，如图4-114所示。

图4-114　输入文字

开关

开关切换两种相反的选择或状态。切换器展示当前的激活状态，用户滑动（或点击）空间可以切换状态，如图4-115所示。所选的两个值要可以预测才能让用户知道切换后的效果。

图4-115　开关

案例 绘制Android开关按钮

　　该案例主要制作开关按钮。当按钮为打开状态时，按钮为绿色；当按钮关闭时为灰色。两种按钮做法相同。最终效果如图4-116所示。

图4-116　不同状态的开关按钮

使用到的技术	圆角矩形工具、图层样式、椭圆工具
规格尺寸	493×102（像素）
视频地址	视频\第4章\绘制Android开关按钮.swf
源文件地址	源文件\第4章\绘制Android开关按钮.psd

01 执行"文件>新建"命令，弹出"新建"对话框，新建一个空白文档，如图4-117所示。新建图层，设置"前景色"为黑色，按【Alt+Delete】组合键为画布填充颜色，如图4-118所示。

图4-117　新建空白文档

图4-118　填充画布

02 使用"圆角矩形工具"，设置"填充"为RGB（41、43、48），在画布中绘制一个半径为4像素的圆角矩形，如图4-119所示。双击该图层缩览图，弹出"图层样式"对话框，选择"内阴影"选项进行相应设置，如图4-120所示。

图4-119　绘制圆角矩形

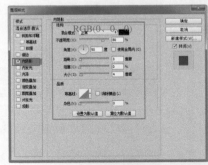

图4-120　设置内阴影参数

03 选择"描边"选项进行相应设置，如图4-121所示。图形效果如图4-122所示。

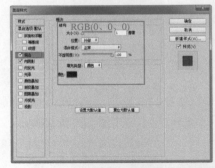

图4-121　设置描边选项参数

图4-122　图形效果图

04 使用"圆角矩形工具"绘制填充任意颜色的圆角矩形，如图4-123所示。双击该图层缩览图，弹出"图层样式"对话框，选择"颜色叠加"选项进行相应设置，如图4-124所示。

图4-123　绘制圆角矩形

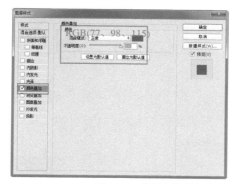

图4-124　设置颜色叠加参数

05 选择"斜面和浮雕"选项进行相应设置，如图4-125所示。选择"斜面和浮雕"选项进行相应设置，如图4-126所示。

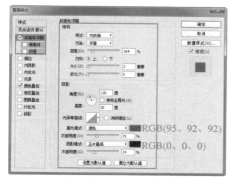

图4-125　设置斜面和浮雕参数

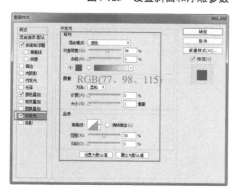

图4-126　设置斜面和浮雕的其他参数

06 图形效果如图4-127所示。使用"椭圆工具"绘制"填充"颜色为RGB（170、193、212）的正圆，如图4-128所示。

图4-127　图形效果图

图4-128　绘制正圆

07 设置"路径操作"为"减去顶层形状"，继续绘制正圆，如图4-129所示。双击该图层缩览图，弹出"图层样式"对话框，选择"外发光"选项进行相应设置，如图4-130所示。

图4-129　绘制圆环

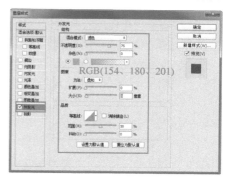

图4-130　设置外发光参数

08 选择"投影"选项进行相应设置，如图4-131所示。图像效果如图4-132所示。

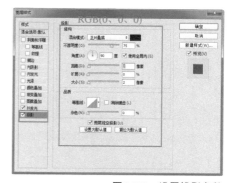

图4-131　设置投影参数

图4-132　图像效果图

09 将相关图层按【Ctrl+G】组合键进行编组，重命名为"关"，图层"面板"如图4-133所示。

将"圆角矩形 1"图层复制，移至最顶层，调整位置，效果如图4-134所示。

图4-133　图层面板

图4-134　复制图层并调整位置

⑩ 使用相同的方法绘制相似形状，如图4-135所示。使用"圆角矩形工具"绘制半径为2像素，"填充"颜色为RGB（195、233、147）的圆角矩形，如图4-136所示。

图4-135　绘制相似形状

图4-136　绘制圆角矩形

⑪ 双击该图层缩览图，弹出"图层样式"对话框，选择"投影"选项进行相应设置，如图4-137所示。图像效果如图4-138所示。

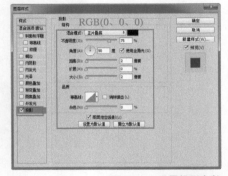

图4-137　设置投影参数

图4-138　图像效果图

⑫ 将相关图层进行编组，重命名为"开"，"图层"面板如图4-139所示。最终效果如图4-140所示。

图4-139　图层面板

图4-140　最终效果图

对话框

对话框在App需要询问用户做选择或更多信息任务才能进行下去的情况下使用。

对话框的形式有简单的选择确定、取消以及复杂的要求用户调整设置或输入文本，如图4-141所示。

图4-141　对话框

- 标题区。

标题就是当前显示的对话框的主题，例如一项设置的名称等。

- 内容区域。

对话框内容有许多类型。例如针对设置对话框，它会帮助用户改变App属性或系统设置的包括滑块、文本输入、复选框、单选按钮等元素。

另外它还包括警报，其内容可能是用户需做决定的背景资料介绍。

- 操作按钮。

操作按钮通常是指确定和取消。确定是首选或最可能选的操作。

如果选项包括不是确定或取消类所描述内容的关闭或等待的操作时，这些按钮都应该使用主动动词。通常规则是把否定的操作安排在左边的按钮，肯定的操作安排在右边，图4-142所示为Android典型对话框范例。

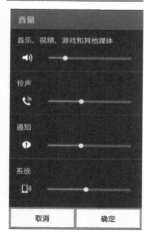

图4-142　Android典型对话框范例

- 警报。

通知获得用户批准或确认程序才能进行下去的对话框形式就是警报。

◆ 没有标题的警报。

通常情况下，大部分警报不需要标题，用户做决定后不会有严重影响，并且使用一两句话就能总结清楚。

内容区域应该问一个问题（如"删除这个谈话吗？"），或是一个与操作按钮明显相关的明确陈述，如图4-143所示。

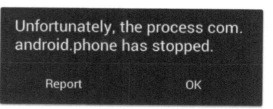

图4-143　没有标题的警报

◆ 带标题的警报。

在Android系统中要有节制地使用带标题的警报。

只有在可能引致数据丢失、连接、收取额外费用等高风险操作时才使用，并且标题需要一个明确的问题，最好在内容区加一些附加的解释。

保持问题或陈述的简短，例如"清除USB的储存？"

避免道歉，要做到即使用户只是随便扫过内容，只根据标题与操作按钮的文本也清楚知道该选哪个按钮，如图4-144所示。

图4-144　有标题的警报

案例　绘制Android提示对话框

本案例为读者介绍的是Android App中信息提示对话框的制作步骤。本案例制作方法和步骤是极其简单的，页面组成图形元素也是十分简单的，制作时除了对"投影"图层样式需要特别注意外，其他的都没有什么特别注意的难点。最终效果如图4-145所示。

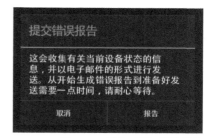

图4-145　提示对话框最终效果

使用到的技术	圆角矩形工具、图层样式、直线工具
规格尺寸	720×488（像素）
视频地址	视频\第4章\绘制Android提示对话框.swf
源文件地址	源文件\第4章\绘制Android提示对话框.psd

01 执行"文件>新建"命令，新建一个空白文档，如图4-146所示。填充画布颜色为RGB（11、13、15），如图4-147所示。

图4-146 新建空白文档

图4-147 填充画布

02 使用"圆角矩形工具"在画布中创建"填充"为RGB（40、40、40）半径为3像素的形状，如图4-148所示。将该形状至下方，修改"填充"为白色，并向上移动2像素，如图4-149所示。

图4-148 创建形状

图4-149 修改形状填充和位置

03 打开"图层样式"对话框，选择"投影"选项设置参数值，如图4-150所示。设置完成后单击"确定"按钮，并修改图层"填充"为20%，图像效果如图4-151所示。

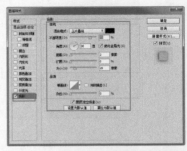

图4-150 设置投影参数值

图4-151 图像效果图

04 选择"直线工具"，设置"填充"为RGB（51、181、229），在圆角矩形上绘制直线，如图4-152所示。打开"字符"面板设置参数值，如图4-153所示。

图4-152 绘制直线

图4-153 设置字符参数值

05 在画布中输入相应的文字，如图4-154所示。使用相同方法完成相似制作，图像最终效果如图4-155所示。

图4-154 输入文字

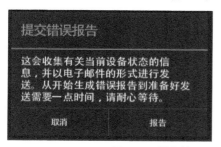

图4-155 最终效果图

● 弹出窗口。

弹出窗口只要求用户的一个选择，它是对话框的轻量版。

弹出窗口只要求在众多选项中选取一个或点击弹出窗口以外的地方离开弹出窗口，它不需要确定或取消按钮，如图4-156所示。

图4-156 弹出窗口

● Toasts信息提示条。

信息提示条是一个操作以后的轻量反馈。

当用户从写邮件的页面跳转到其他页面时，信息提示条弹出提示"邮件已存到草稿箱"，让用户之后还可以继续编辑信息。

信息提示条在几秒后自动消失。

选择器

选择器为用户提供了一个简单的方式，从一定范围内选择一个值。

用户可以通过触摸向上、向下箭头按钮、键盘输入或向上、向下滑动的手势选取想要的值，如图4-157所示。

图4-157 选择器

通常情况下，选择器是内嵌在一个形式里的，但由于它占的位置相对较大，最好将其放置在一个对话框里。

而对于嵌入式的选择器，可以考虑使用更为紧凑的空间，如文本输入或下拉菜单。

● 日期和时间选择器。

Android提供的日期和时间选择器对话框，每个都可用于输入时间（小时，分钟，上午/下午）或日期（月，日，年）。

在制作的App中使用这些选择器可以保证用户的输入格式准确、有效。时间和日期会根据使用的语言环境而自动调整格式。

4.6 绘制启动图标

图标在屏幕中占用的面积很小，但图标为操作、状态和App提供了一个快速且直观的表现形式，如图4-158所示。

图4-158 图标

4.6.1 图标设计规范

　　Android系统被设计在一系列屏幕尺寸和分辨率不同的设备上运行。为应用设计图标时必须知道，应用有可能在任何设备上安装运行。一般来说，推荐的方式是为三种普遍的屏幕密度中的每一种都创造一套独立的图标。

图标的密度

　　Android设备的屏幕密度基线是中等，一种被推荐的为多种屏幕密度创造图标的方式如下。

* 先为基准密度设计图标。
* 把图标放在应用的默认可绘制资源中，然后在 Android可视化设备（AVD）或者 HVGA设备如 T-Mobile G1中运行应用。
* 根据需要测试和调整基准图标。

* 当对在基准密度下创建的图标感到满意的时候，为其他密度创造副本。 把基准图标按比例增加为150％，创造一个高密度版本。把基准图标按比例缩小为75％，创造一个低密度版本。
* 把图标放入应用的特定密度资源目录中。

案例 绘制Android电子邮箱图标

　　本案例为读者介绍的是Android App中电子邮箱图标的制作步骤。本案例制作方法和步骤是极其简单的，这款图标的造型和颜色很复古，最终效果如图4-159所示。

图4-159 电子邮箱图标最终效果

使用到的技术	圆角矩形工具、图层样式、直线工具
规格尺寸	600×450（像素）
视频地址	视频\第4章\绘制Android电子邮箱图标.swf
源文件地址	源文件\第4章\绘制Android电子邮箱图标.psd

01 执行"文件>新建"命令，新建一个空白文档，如图4-160所示。打开素材图像"第4章\素材\001.jpg"，将素材图像拖入设计文档中，调整不透明度为80％，如图4-161所示。

图4-160 新建空白文档

图4-161　调整不透明度

02 使用"圆角矩形工具"在画布中创建"填充"为RGB（239、234、228），半径为10像素的形状，如图4-162所示。打开"图层样式"对话框，选择"渐变叠加"选项设置参数值，如图4-163所示。

图4-162　绘制圆角矩形

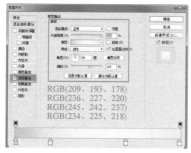

RGB(209、193、178)
RGB(236、227、220)
RGB(245、242、237)
RGB(234、225、218)

图4-163　设置渐变叠加参数

03 选择"投影"选项设置参数值，如图4-164所示。图像效果如图4-165所示。

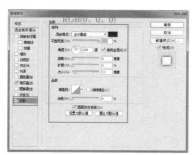

图4-164　设置投影参数值

图4-165　图像效果图

04 打开素材图像"第4章\素材\002.jpg"，将素材图像拖入设计文档中，修改其"混合模式"为"深色"，"不透明度"为10%，如图4-166所示。"图层"面板如图4-167所示。

图4-166　修改混合模式与不透明度

图4-167　图层面板

05 复制"圆角矩形 1"至最上方，使用"圆角形工具"，设置"路径操作"为"减去顶层形状"，在图像中绘制图形，如图4-168所示。删除其图层样式，使用"圆角矩形工具"在画布中创建一个任意颜色的形状，如图4-169所示。

> 提示：按【Shift】键创建形状，可以"合并形状"模式进行创建；按下【Alt】键创建形状，可以"减去顶层形状"模式进行创建；按下【Shift+Alt】创建形状，可以"与形状区域相交"模式进行创建。

105

图4-168　绘制图形

图4-169　创建任意颜色的形状

06 双击该图层缩览图，在弹出的"图层样式"对话框中选择"描边"选项设置参数值，如图4-170所示。选择"渐变叠加"选项设置参数值，如图4-171所示。

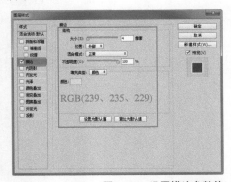

RGB(239、235、229)

图4-170　设置描边参数值

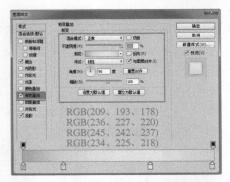

RGB(209、193、178)
RGB(236、227、220)
RGB(245、242、237)
RGB(234、225、218)

图4-171　设置渐变叠加参数值

07 继续在"图层样式"对话框选择"投影"选项设置参数值，如图4-172所示。为其创建剪贴蒙版，得到图形效果如图4-173所示。

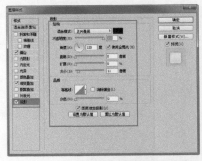

图4-172　设置投影参数值

图4-173　图形效果

08 复制"图层2"至最上方，并为其创建剪贴蒙版，如图4-174所示。选择"直线工具"，设置"填充"为RGB（188、54、51），"粗细"为35像素，在画布中创建直线，如图4-175所示。

图4-174　复制图层并创建剪贴蒙版

图4-175　创建直线

09 为其创建剪贴蒙版，如图4-176所示。使用相同方法完成其他条纹的制作，如图4-177所示。

图4-176　创建剪贴蒙版

图4-177　完成其他条纹的制作

10 使用"圆角矩形工具"绘制一个"填充"为"无"，"描边"为RGB（239、234、228），粗细为3像素的形状，如图4-178所示。双击该图层缩览图，在弹出的"图层样式"对话框中选择"斜面和浮雕"选项设置参数值，如图4-179所示。

图4-178　绘制圆角矩形

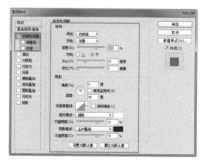

图4-179　设置斜面和浮雕参数值

11 修改该图层"混合模式"为"线性叠加"，"不透明度"为52%，图像效果如图4-180所示。图层面板如图4-181所示。

图4-180　图像效果图　　　图4-181　图层面板

提示： 也可以新建一个图层，设置"工作模式"为"像素"，只要变换颜色便可连续将所有直线绘制在一个图层中。然后将"圆角矩形1 副本"载入选区，为该图层添加图层蒙版。

12 使用"钢笔工具"，在画布中绘制一个任意颜色的形状，如图4-182所示。打开"图层样式"对话框，选择"渐变叠加"选项设置参数值，如图4-183所示。

图4-182　绘制任意颜色的形状

RGB(230、226、218) RGB(246、243、238)

图4-183　设置渐变叠加参数值

⑬ 设置完成后为其添加图层蒙版，为画布填充黑白线性渐变，如图4-184所示。"图层面板"如图4-185所示。

图4-184　设置图层蒙版并添加线性渐变

图4-185　图层面板

⑭ 使用相同方法完成相似制作，如图4-186所示。使用"椭圆工具"绘制填充为RGB（255、255、255）的正圆，如图4-187所示。

图4-186　完成相似制作

图4-187　绘制正圆

⑮ 打开"图层样式"对话框，选择"斜面和浮雕"选项设置参数值，如图4-188所示。图像效果如图4-189所示。

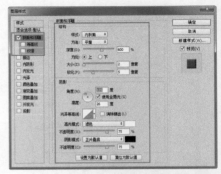

图4-188　设置斜面和浮雕参数值

图4-189　图像效果图

⑯ 打开"文字面板"设置参数如图4-190所示。在设计文档中输入文字如图4-191所示。

图4-190　设置文字参数

图4-191　输入文字

⑰打开"图层样式"对话框，选择"投影"选项设置参数值，如图4-192所示。最终图像效果如图4-193所示。

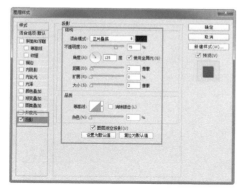

图4-192　设置投影参数值

图4-193　最终图像效果

4.6.2　图标的特点

同属于市面上占据市场份额比较多的手持设备操作系统，Android和iOS系统图标的样子相差的比较大。总体来说，原生的Android图标会采用高度概括和夸张的形象，而且圆角比iOS图标小的多。虽然大都使用圆角矩形的形状，但也会根据功能的不同采用其他样式，如图4-194所示。

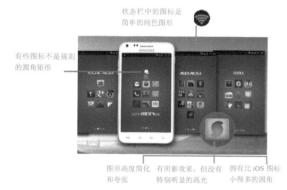

状态栏中的图标是
简单的纯色图形

有些图标不是规则
的圆角矩形

图形高度简化
和夸张

有阴影效果，但没有
特别明显的高光

拥有比iOS图标
小得多的圆角

图4-194　其他样式的图标

4.6.3　绘制图标时的注意问题

和iOS图标一样，在绘制Android图标时，可以直接提交不带圆角和任何效果的文件，然后交由系统一并美化处理。绘制图标时注意以下问题。

不要为了体现图标质感照搬iOS图标的风格。

关于尺寸：画面应该为全填充像素，不允许有透明或半透明区域，如图4-195所示。

正确　　　　　　　　错误

图4-195　画面填充正误案例

关于位置：图标整体部分应该居中，这是基本规则。

关于主体大小：图标主体不应该过大，否则可能会被裁掉，导致画面不完整，如图4-196所示。

主体过大　　　　　镜头显示不完整

图4-196　图标主体过大导致画面不完整

4.6.4　图标类型

Android系统图标包括启动图标、菜单图标、状态栏图标、Tab图标、对话框图标以及列表视图图标，下面对这些图标的作用进行详细介绍。

* 启动图标

启动图标是应用程序在设备的主界面和启动窗口的图形表现。

* 菜单图标

菜单图标是当用户按菜单按钮时放置于选项菜单中展示给用户的图形元素。

- 状态栏图标

状态栏图标用于应用程序在状态栏中的通知。

- Tab图标

Tab图标用来表示在一个多选项卡界面中的各个选项的图形元素。

- 对话框图标

对话框图标是在弹出框中显示，增加互动性。

- 列表视图图标

使用列表视图图标是用图形表示列表项，如果想要更快地创建该图标，可以导向Android图标模板包。

案例 绘制Android选择栏

该案例主要制作选择栏，栏中提供了多个图标按钮供用户做出选择，图标只是简单的平面效果，易于理解，制作难度不大。最终效果如图4-197所示。

图4-197 选择栏最终效果图

使用到的技术	直线工具、路径操作、椭圆工具
规格尺寸	768×96（像素）
视频地址	视频\第4章\绘制Android选择栏.swf
源文件地址	源文件\第4章\绘制Android选择栏.psd

01 执行"文件>新建"命令，新建一个空白文档，如图4-198所示。新建图层，设置"前景色"为RGB（47、86、119），按快捷键【Alt+Delete】为画布填充前景色，如图4-199所示。

图4-198 新建空白文档

图4-199 填充新图层

02 使用"直线工具"，设置"填充"为RGB（51、181、229），"粗细"为6像素，在画布中绘制直线，如图4-200所示。将相关图层编组，命名为"背景"，如图4-201所示。

图4-200 绘制直线

图4-201 编组图层并命名

03 使用"圆角矩形工具"，设置"半径"为7像素，在画布中创建白色的形状，如图4-202所示。选择"椭圆工具"，设置"路径操作"为"减去顶层形状"，在画布中绘制形状，如图4-203所示。

图4-202 绘制圆角矩形

图4-203 绘制椭圆

04 修改"路径操作"为"合并形状"，继续绘制形状，如图4-204所示。使用相同方法完成其他内容的制作，如图4-205所示。

图4-204　绘制形状　　　图4-205　完成其他操作

05 双击该图层缩览图，弹出"图层样式"对话框，选择"外发光"选项进行相应设置，如图4-206所示。效果如图4-207所示。

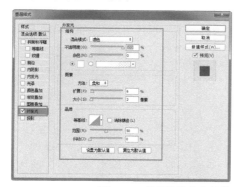

图4-206　设置外发光参数值

图4-207　效果图

06 使用"椭圆工具"在画布中绘制一个正圆，如图4-208所示。使用"直线工具"，设置"路径操作"为"合并形状"，在画布中绘制形状，如图4-209所示。

图4-208　绘制正圆

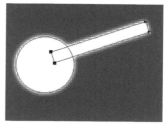

图4-209　绘制直线

07 使用相同方法完成其他内容的制作，如图4-210所示。并修改图层"不透明度"为80%，如图4-211所示。

图4-210　完成其他内容制作

图4-211　修改图层不透明度

08 使用"钢笔工具"在画布中绘制一个三角形，并修改图层"不透明度"为80%，如图4-212所示。打开"字符"面板设置参数值，如图4-213所示。

图4-212　绘制三角形并修改不透明度

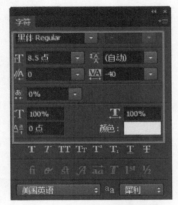

图4-213　设置字符参数值

> **提示：** 绘制该三角形状时，为了更加标准精致，可使用"矩形工具"在画布中绘制一个矩形，然后删除左上角的锚点，即可得到三角形状.

09 使用"横排文字工具"，在画布中输入文字，如图4-214所示。用相同方法完成其他内容的制作，图像最终效果如图4-215所示。

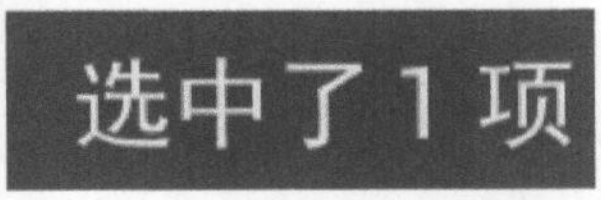

选中了1项

图4-214　输入文字

图4-215　最终效果图

> **提示：** 在设计过程中，按快捷键【Ctrl+Z】可以后退一步操作状态，按快捷键【Ctrl+Alt+Z】可以连续恢复操作，按快捷键【Ctrl+Shift+Z】前进一步操作状态。或打开"历史记录"面板，进行恢复，按【F12】键可恢复设计文档最后一次保存的状态。

4.7 特效的使用

投影和阴影

　　投影和阴影效果可以为看起来扁平的图像添加立体效果，如图4-216所示。在本章的前一节中为读者介绍了许多浮于某个界面上的控件，例如选择器、对话框、滑块等。在这些控件弹出于某个页面上时，伴随的背景带有投影和阴影效果，如图4-217所示。

图4-216　投影和阴影效果

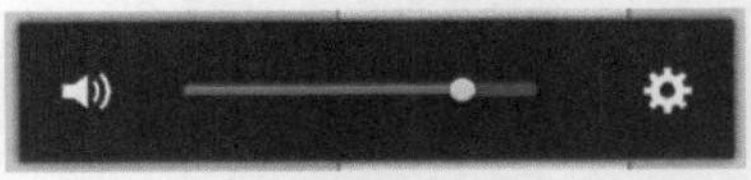

图4-217　带有投影和阴影效果的控件

发光和光泽

　　为图形添加发光效果，可以使一个看起来平淡朴素的图像变得更加华丽、惹人注目，在Android App中，这中修饰手法在许多小控件中使用普遍，如图4-218所示。在一些操作界面中，通过拖动或点击，闪现出发光效果，如图4-219所示。

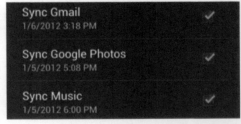

图4-218　发光和光泽效果

图4-219　闪现发光效果的操作

边框

当想要展示的内容较为零散，或者想要让展示的内容更突出时，就有必要为显示的内容添加边框。这样会使零散的内容聚集起来，使用户能够对想要展示的内容一目了然，如图4-220所示。

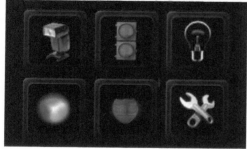

图4-220　边框

4.8　综合案例

下面通过综合案例来学习绘制安卓操作系统的界面。

综合案例——绘制Android解锁界面

本案例制作的是Android解锁界面，案例的制作难点是细节处理，界面中有许多比较细微的元素，所以制作时一定要有足够的耐心。最终效果如图4-221所示。

图4-221　Android解锁界面最终效果图

使用到的技术	圆角矩形工具、图层样式、椭圆工具
规格尺寸	1440×2560（像素）
视频地址	视频\第4章\绘制Android解锁界面.swf
源文件地址	源文件\第4章\绘制Android解锁界面.psd

01 执行"文件>新建"命令，新建一个空白文档，如图4-222所示。使用"渐变工具"为画布填充线性渐变RGB（39、44、51）到RGB（0、0、0），如图4-223所示。

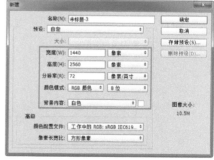

图4-222　新建空白文档

图4-223　填充画布

113

提示：一般为画布填充渐变颜色时会习惯使用"渐变"拾色器中的"前景色到背景色渐变"，直接修改前景色和背景色，然后选择"线性渐变"，拖动鼠标填充渐变色。但在拖动鼠标时要注意前景色和背景色的颜色与鼠标拖动的方向是否一致。

02 选择"钢笔工具"，设置"填充"为RGB（67、67、67），在画布中绘制形状，如图4-224所示。设置"路径操作"为"合并形状"，在画布中绘制，如图4-225所示。使用相同方法完成相似制作，如图4-226所示。

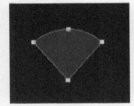 

图4-224 绘制扇形　　　图4-225 绘制新形状

图4-226 完成相似操作

03 打开"字符"面板设置参数值，如图4-227所示。在设计文档中输入符号，如图4-228所示。

图4-227 设置字符参数值　　图4-228 输入符号

04 选择"矩形工具"，设置"描边"为RGB（144、144、144），填充为"无"，在画布中创建形状，如图4-229所示。用"钢笔工具"在矩形框中绘制形状，如图4-230所示。

图4-229 创建矩形　　　图4-230 绘制形状

05 选择"椭圆工具"，设置"描边"为RGB（107、107、107），填充为"无"，在画布中创建形状，如图4-231所示。选择"直线工具"，在画布中绘制直线，如图4-232所示。

图4-231 创建椭圆　　　图4-232 绘制直线

06 使用相同方法完成相似制作，图像效果如图4-233所示。将相关图层进行编组，重命名为"状态栏"如图4-234所示。

图4-233 图像效果图

图4-234 编组图层并重命名

提示：一个复合形状中往往包含多个子形状，这些子形状被设置成完全相同的属性。例如，修改其中一个子形状的描边颜色，那么其他形状的颜色也会随着变化。

07 选择"矩形工具"，设置"填充"为RGB（47、86、118），在画布中绘制矩形，如图4-235所示。选择"圆角矩形工具"，打开"填充"面板设置参数值，在画布中创建形状，如图4-236所示。

图4-235　绘制矩形

RGB(44、149、240)

RGB(78、199、255)

图4-236　创建圆角矩形

08 使用相同方法绘制其他形状，如图4-237所示。使用"直线工具"绘制粗细为2像素的直线，如图4-238所示。

RGB(43、45、44)

RGB(94、93、91)

图4-237　绘制其他形状

RGB(39、134、225)

RGB(32、77、113)

图4-238　绘制直线

09 双击该图层缩览图，在弹出的"图层样式"对话框选择"投影"选项设置参数值，如图4-239所示。图像效果如图4-240所示。

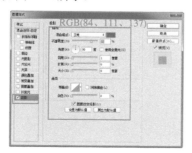

图4-239　设置投影参数值

图4-240　图像效果图

提示：此处圆角矩形、矩形和直线都设置了"径向渐变"填充，但渐变的角度值不同。圆角矩形和矩形都是90度，直线是0度。

10 使用"椭圆工具"绘制一个"填充"为"无"，"描边"为RGB（57、154、224）图形，如图4-241所示。双击该图层缩览图，在弹出的"图层样式"对话框选择"投影"选项设置参数值，如图4-242所示。

图4-241　绘制椭圆

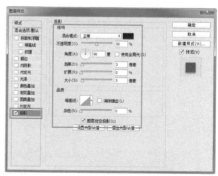

图4-242　设置投影参数值

11 图像效果如图4-243所示。复制"椭圆2"至下方，清除图层样式，修改"填充"为RGB（117、149、185），将其向上移动，如图4-244所示。

图4-243 图像效果

图4-244 复制图层并修改属性

⑫ 对相关图层进行编组，重命名为"滑块1"，如图4-245所示。复制该组，将其向下拖移，并适当调整滑块的位置，如图4-246所示。

图4-245 编组图层并重命名

图4-246 复制组并移动

⑬ 打开"字符"面板设置参数，如图4-247所示。在画布中输入文字，如图4-248所示。

图4-247 设置字符参数值

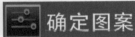
图4-248 输入文字

⑭ 使用相同方法完成相似制作，如图4-249所示。选择"椭圆工具"，设置"填充"为"无"，"描边"为RGB（153、204、0），在画布中创建形状，如图4-250所示。

图4-249 完成相似制作

⑮ 双击该图层缩览图，在弹出的"图层样式"对话框中选择"外发光"选项设置参数，如图4-251所示。图像效果如图4-252所示。

图4-250 创建椭圆

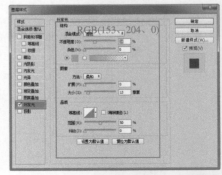
图4-251 设置外发光参数值

图4-252　图像效果图

⑯ 选择"椭圆工具",在绿色圆环中心创建白色的正圆,如图4-253所示。修改图层"不透明度"为70%,如图4-254所示。

图4-253　创建正圆　　图4-254　修改图层不透明度

⑰ "图层"面板如图4-255所示。使用相同方法完成相似制作,图像最终效果如图4-256所示。

 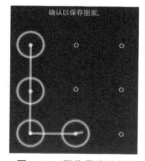

图4-255　图层面板　　图4-256　图像最终效果图

⑱ 将所有相关图层进行编组,"图层"面板如图4-257所示。使用绘制矩形的方法绘制相似图形,最终效果如图4-258所示。

图4-257　编组图层　　图4-258　最终效果图

综合案例——绘制Android通知栏

该案例主要制作Android的通知栏。通知栏界面的顶部操作栏非常简洁,只包含时间和几个简单的图标。下方通知抽屉的格式为前面是App图标,后面是两行内容。制作时注意对齐问题。最终效果如图4-259所示。

图4-259　通知栏最终效果图

使用到的技术	矩形工具、路径操作、图层样式
规格尺寸	1440×256（像素）
视频地址	视频\第4章\绘制Android通知栏.swf
源文件地址	源文件\第4章\绘制Android通知栏.psd

① 执行"文件>新建"命令,打开素材图像"第4章\素材\003.jpg",将图像拖入设计文档中,如图4-260所示。执行"图层>新建填充图层>纯色"命令,如图4-261所示。

图4-260　拖入图像　　图4-261　新建纯色图层

02 在弹出的拾色器中设置颜色为RGB（12、12、12），如图4-262所示。设置"颜色填充1"图层的"不透明度"为97%，如图4-263所示。

图4-262　设置颜色

图4-263　设置不透明度

> **提示：** 也可以单击"图层"面板下方的"创建新的填充和调整图层"按钮，在弹出的快捷菜单中选择"纯色"选项，以创建一个纯色填充图层。

03 使用"矩形工具"在界面上方创建一个黑色的矩形，如图4-264所示。在该矩形下方绘制一个"填充"为RGB（14、15、15）的矩形，如图4-265所示。

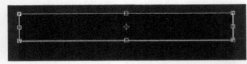

图4-264　创建矩形

图4-265　绘制另一个矩形

04 打开"字符"面板适当设置字符属性，如图4-266所示。输入相应的文字，如图4-267所示。

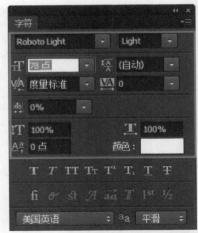

图4-266　设置字符属性

图4-267　输入文字

05 使用相同方法输入其他的文字，如图4-268所示。使用"矩形工具"绘制一个白色的矩形，如图4-269所示。

图4-268　输入其他文字

图4-269　绘制矩形

06 设置"路径操作"为"合并形状"，继续绘制其他两个矩形，如图4-270所示。设置该图层"不透明度"为80%，如图4-271所示。

图4-270　绘制另两个矩形

图4-271 设置图层不透明度

> **提示：** 直接使用键盘输入数字可以快速设置选中图层的"不透明度"。若当前使用的工具的选项栏中包含"不透明度"选项，则设置该工具的"不透明度"。

07 使用相同方法完成相似内容的制作，如图4-272所示。使用"矩形工具"，设置"路径操作"为"减去顶层形状"，减去正圆的上半部分，如图4-273所示。

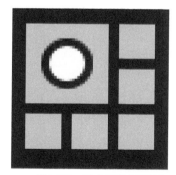

图4-272 完成相似内容制作

图4-273 减去正圆上半部分

08 使用"圆角矩形工具"创建一个黑色的形状，如图4-274所示。设置"路径操作"为"减去

形状"，分别使用"矩形工具"和"椭圆工具"对该形状进行修剪，如图4-275所示。

图4-274 创建圆角矩形

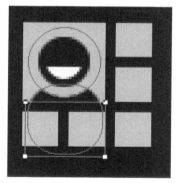

图4-275 修剪形状

09 将相关图层选中，按快捷键【Ctrl+G】编组，如图4-276所示。使用"矩形工具"创建一个"填充"为RGB（238、240、243）的矩形，如图4-277所示。

图4-276 编组图层

119

图4-277　创建矩形

⑩ 使用"圆角矩形工具"创建一个"填充"为RGB（243、244、245）的圆角矩形，如图4-278所示。双击该图层缩览图，打开"图层样式"对话框，选择"斜面和浮雕"选项设置参数值，如图4-279所示。

图4-278　创建圆角矩形

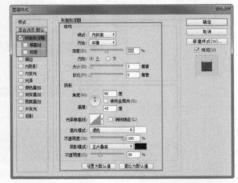

图4-279　设置斜面和浮雕参数值

⑪ 图形效果如图4-280所示。将素材图像"第4章\素材\004.png"打开，并拖入设计文档，适当调整位置，如图4-281所示。

图4-280　图形效果

图4-281　拖入设计文档并调整位置

⑫ 使用"椭圆工具"在该图标下方创建一个正圆，适当设置其"填充"颜色，如图4-282所示。图像效果如图4-283所示。

图4-282　创建正圆

图4-283　图像效果图

⑬ 使用"圆角矩形工具"创建一个"填充"为RGB（128、136、139）的圆角矩形，如图4-284所示。双击该图层缩览图，打开"图层样式"对话框，选择"内阴影"选项设置参数值，如图4-285所示。

图4-284　创建圆角矩形

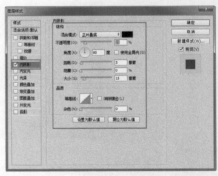

图4-285　设置内阴影参数值

> 提示：对于普通的像素图层和文字图层来说，双击缩览图部分可以打开"图层样式"对话框；形状图层必须双击缩览图后面的空白区域才会弹出"图层样式"对话框。

⑭ 图像效果如图4-286所示。使用相同方法完成相似内容的制作，如图4-287所示。

图4-286　图像效果

图4-287　完成相似内容制作

⑮ 使用前面讲解过的方法输入相应的文字，如图4-288所示。打开素材图像"第4章\素材\005.png"，将其拖入设计文档，适当调整位置，如图4-289所示。

图4-288　输入文字

图4-289　拖入设计文档

⑯ 打开"图层样式"对话框，选择"投影"选项设置参数值，如图4-290所示。设置完成后得到图标的投影效果，如图4-291所示。

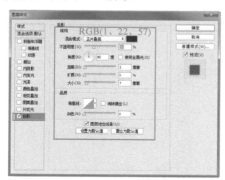

图4-290　设置投影参数值

图4-291　图标投影效果

⑰ 使用相同方法处理另一个图标，如图4-292所示。使用"直线工具"创建一条"填充"为RGB（196、209、215）的直线，如图4-293所示。

图4-292　处理另一图标

图4-293　绘制直线

⑱ 为该图层添加蒙版，使用黑色柔边画笔适当涂抹线条的两端，如图4-294所示。使用相同方法绘制出另一根线条，如图4-295所示。

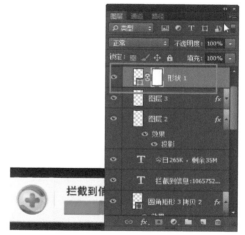

图4-294　添加蒙版

图4-295　绘制另一根线条

　　提示：可以执行"图层>图层蒙版>显示全部"命令，或单击"图层"面板下方的"添加蒙版"按钮为选定的图层添加蒙版。

⑲ 使用相同方法完成相似内容的制作，得到界面最终效果，如图4-296所示。将相关图层或图层组编组，如图4-297所示。

图4-296　完成相似内容制作　　　图4-297　编组图层

4.9 本章小结

　　本章讲解了Android系统应用的基础知识，Android App UI概览、设计原色，还讲解了Android界面的设计风格。重点讲解了Android图标设计和控件设计。读者要熟悉掌握图标设计的特点和规范以及控件的分类和设计规范。

练习题

一、填空题

1．在移动设备上的启动图标的尺寸必须是（　　），在应用市场上启动图标尺寸必须是（　　），图标的整体大小为（　　）。

2．（　　）的图标为平面风格，通常为流畅的曲线或（　　）的形状。

3．通知图标必须是（　　），而且系统可能会（　　）或变暗图标。

4．Android App的选项卡分为（　　）选项卡和（　　）选项卡。

5．操作栏图标是简单的（　　），用来传达一个（　　）的概念，并能让用户对该图标的作用一目了然。

二、选择题

1．Android的设计语言依赖于传统的（　　），如大小，控件，节奏，以及与底层网格对齐。

A．文字工具　　　　B．排版工具

C．编写工具　　　　D．划分工具

2．当为App写句子时要注意（　　）、（　　）、（　　）、先讲重要的事情、描述必要避免重复。

A．保持简短、保持友好、保持简单

B．简单明了、通俗易懂、不使用第二人称

C．保持简短、保持友好、通俗易懂

D．保持简短、保持友好、不要使用缩写

3．一套完整的Android控件，共包括有（　　）、列表、（　　）、（　　）、下拉菜单、（　　）、（　　）、滑块、（　　）、活动、开关、对话框和选择器。

A．选项卡、网格列表、滚动、按钮、文本输入、进度条

B．搜索栏、网格列表、滚动、按钮、文本输入、进度条

C．搜索栏、网格列表、滚动、按钮、文本输入、指示器

D．选项卡、网格列表、滚动、按钮、文本输入、指示器

4．如果在图层上增加一个蒙版，当要单独移动蒙版时，操作（　　）是正确的。

A．首先要解掉层与蒙版之间的锁，再选择蒙版，然后选择移动工具就可移动。

B．首先要解掉图层与蒙版之间的锁，然后选择移动工具就可移动。

C．首先单击图层上面的蒙版，然后执行"选择>全选"命令，用选择工具拖拉。

D．首先单击图层上面的蒙版，然后选择移动工具就可移动。

5．下列关于路径的描述错误的是（　　）。

A．路径可以随时转化为浮动的选区

B．路径调板中路径的名称可以随时修改

C．当路径进行填充颜色的时候，路径不可以创建镂空的效果

D．路径可以用画笔工具进行描绘。

三、简答题

简单介绍一下Android系统中图标的种类和各自的特点。

第5章　Windows Phone系统应用

　　Windows Phone是微软公司推出的一款手持设备操作系统。这款操作系统引入了一种新的界面设计语言——Metro，整体风格简洁而美观。Windows Phone的标准控件样式非常简单，制作时需要特别注意元素之间的距离，此外并无难点。

　　希望通过本章内容的学习，各位读者能够基本了解Windows Phone标准控件的大致使用方法和制作方法，并能够独立制作出完整的界面。

5.1 Windows Phone App 设计特点

Windows Phone是微软发布的一款手机操作系统，它将微软旗下的游戏、音乐和独特视频体验整合至手机中。Windows Phone的操作界面引入了名为Metro的设计语言，整体风格简洁而极具动态性。

新颖的解锁界面

Windows Phone的解锁界面非常新颖简洁，位于界面左下方的时间信息是最吸引人眼球的部位。既利用了英文在排版设计中的优势，又贯彻了返璞归真的视觉设计理念，将信息以一种毫无负担的方式呈现出来。

Windows Phone的解锁界面看起来更像是一幅画，没有习以为常的解锁提示。但是用户一点也不必担心不知道如何进入主界面，因为触碰屏幕上的任何地方都会有一个模拟重物落地并弹起的动画，提醒用户向上滑动解锁，如图5-1所示。

图5-1　提示用户向上滑动解锁

> **提示**：解锁时，如果上滑动作快速有力，则被视为有效的操作，会立即进入待机界面。如果上滑动作缓慢，则需要上滑到距界面下边缘1/3处才会解锁。

简洁实用的主界面

Windows Phone系统的主界面与iOS和Android系统的主界面有很大的区别。它没有采用中规中矩的图标和小部件的排列方式，而是通过一种更为灵活生动的动态磁贴效果进行功能的展示。主界面使用纯色方块作为图标背景，简单的图形、色块和超大的字体，让用户能够一目了然，如图5-2所示。此外，在应用图标上也会有更新提示，例如未接来电数量、新邮件和新信息的数量等，如图5-3所示。

图5-2　主界面

图5-3　应用图标上的更新提示

> **提示**：信息类的应用程序，例如联系人、图片等图标会以联系人照片和部分图片内容进行展示，方便用户直观地读取信息。

从应用的图标信息构成来看，可以将主界面中的图标分为三层：最底层的背景可以是纯色块或背景图；中间一层为应用程序的名称；顶层为推送信息，如图5-4所示。

图5-4　主界面图标分层

新颖的全景视图

全景视图可以不再让内容去适应局限的空间，也不再是在不同的页面和窗口之间来回切换。它提供了一种全新的视图模式，在水平方向上扩展内容到屏幕之外，来展现不同的功能和信息，就好像把它们排列在一张横轴画卷上一样，如图5-5所示。用户只需要在界面中横向滑动手指，就可以查看到其他区域的信息。这种视图模式不同于以往的任何一个操作系统，是Metro引入到Windows Phone界面中的一个重大变革。

全景式应用程序的元素作为那些更加细致的体验的起点，元素流程的例子并非指的是平台的功能，而是终端用户的体验。例如，在一个全景式应用中启动另一个应用程序，这时在终端用户看来，刚刚启动的应用程序只不过是同一个全景式应用的不同视图而已。

用户界面由四种层级类型组成：背景图片、全景标题、全景区域标题以及全景区域，它们彼此有独立的动作逻辑。此外还有缩略图，它们构成了完整的体验。缩略图是全景视图的一个主要元素，它们链接到全景以外的内容或者媒体。

背景图片位于全景式应用的最底层，由它来给予全景视图类似于杂志的体验，通常是一张占满整个版面的图片。背景图可能是整个应用里视觉成分最重的一部分。

全景标题是整个全景应用的标题，用户通过它来识别这个应用程序，所以无论用户如何进入这个应用程序，它都应该是可见的。

为了确保良好的程序性能，最少的加载时间，并且无需剪裁，图片的尺寸应该在480×800（像素）和800×1024（像素）之间。对于一个有四个全景区域的应用，应该使用16×9的屏幕比例。

图5-5　全景视图

流畅的动画效果

除了全景视图和动态磁贴之外，Windows Phone系统的动画效果也是非常到位的，例如流畅的滑屏效果、层级进出的翻页效果和载入的动画效果。

比较值得一提的动画效果是内容列表的翻页效果。翻页动画分为三种，一是进入文字列表时向左翻；二是退出文字列表时列表信息逐条向左翻；三是退出整体页面内容时向右翻，如图5-6所示。

图5-6　翻页动画

5.2 Windows Phone App 设计原则

Windows Phone的UI设计基于一个叫作Metro的内部项目。Metro界面的设计和字体灵感来源于机场和地铁系统的制作系统所使用的视觉语言。

总体来说，Windows Phone的设计原则包括以下5条。

干净、轻量、快速、开放

Windows Phone界面在视觉上很独特，要留有充足的白色空间，同时要减少各种非必要的因素，尽可能突出文字和信息内容，后者才是设计的关键因素。

要内容，而不是质感

设计要集中体现和突出用户最关心的内容，同时使产品简单并为所有人所接受，而不是单纯地为了追求视觉美观而添加一些非必要的元素和质感。

整合软硬件

硬件和软件彼此融合，并创造出一种无缝的用户体验，例如一键进入搜索、开始、返回和照相机及其他搭载的整合感应器等。

使用流畅的动画效果

Windows Phone在电容屏上的触摸和手势体

验与Windows系统的桌面体验一致，使用了硬件加速的动画和逼真流畅的过渡效果，以在每一处细节增强用户体验。

生动、有灵魂

为用户所关心的信息注入个性化和自动更新的观念，并彻底整合了Zune媒体播放器的体验，可以为用户带来戏剧性的照片和视频体验。

> **提示：** 这些设计都基于这样一个原则——所有的UI元素都应该实实在在地数字化，并附以和谐的、功能化的、吸引人的视觉元素。应用程序应该用探索精神和激动人心的视觉设计去打动用户。
>
> 开发者应当使用自然的、恰当的数字化隐喻，而不应该一味地照搬真实世界中的交互方式。如果有必要，用户界面应该仅通过模仿那些模拟操作行为的界面元素也能看起来很棒。Windows Phone开发工具提供了一系列由Metro风格启发的Silverlight控件以供在应用程序中使用。

微软公司高度推荐开发者采用Metro设计风格。尽管每个应用都会在要求和实际实施上有所不同，但采用Metro风格的元素可以为用户创造一个更加整体生动的界面体验。

5.3　界面设计框架

Windows Phone的用户界面框架为开发者和设计师提供了一致的系统组件、事件以及交互方式，以帮助他们为用户创建出精彩易用的应用体验。

5.3.1　页面标题

尽管页面标题不是一个交互性的控件，但仍然有特定的设计规范。页面标题的主要功能是清晰地显示页面内容的信息，它出现在Windows Phone开发工具的默认范式库里，而且是可选的。如果选择显示页面标题，那么应该在程序的每个页面中都保留相同的标题位置，这可以保持用户体验的一致性，如图5-7所示。

图5-7　相同的标题位置

> **提示：** 如果程序显示了页面标题，那么，它应该是程序的名称或与当前页面显示内容相关的描述性文字。

5.3.2　进度指示器

进度指示器显示了程序内正在进行的与某一动作或事件相关的执行情况，例如下载。进度指示器被整合进了状态栏，可以在程序的任何页面显示。

进度指示器显示的进度状态包括确定和不确定两种，确定的进度有起点有终点，不确定的进度则会一直持续到任务结束，如图5-8所示。

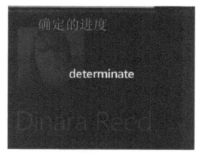

图5-8　不同的进度状态

提示：如果要使用这种控件，那么请在诸如下载场景下使用确定进度条，在诸如远程连接一类的场景下使用不确定进度条。

5.3.3 滚动查看器

当页面中的内容超出屏幕的可视区域后，就需要用到滚动滑块，页面就会开始滚动。滚动查看器有个重要的作用——提示用户页面的大致长度。此外，滑块也能起到提示当前区域在整体页面中位置的作用。纵向或横向滚动屏幕时，分别在屏幕的右边缘和下边缘出现滑块，如图5-9所示。

图5-9　出现滑块

5.3.4 主题

主题是由用户选择的背景和色调，以使手机界面更加个性化。主题只涉及颜色变化，界面中的字体和控件等元素并不会随之发生改变。默认的Windows Phone系统包括两种背景色，一黑一白，以及10种不同的彩色：品红（FF0097），紫（A200FF），青（00ABA9），柠檬（8CBF26），棕（996600），粉红（FF0097）；橙黄（F09609），蓝（1BA1E2），红（E51400）和绿（339933），如图5-10所示。

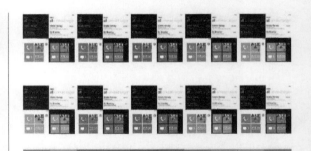

图5-10　默认的Windows Phone系统背景色

5.4 UI设计的分类

5.4.1 开始屏幕

主界面（Start）是用户启动Windows Phone开始体验的起始点。主界面中显示了用户自定义的快速启动应用程序。用户只需按下Start按钮，就会立刻返回主界面。

瓦片是一种易于辨认的应用程序或者某特定内容的快捷方式，用户可以将它任意放置在手机主界面上。和预装的程序瓦片不同的是，用户只能自发地在主界面增加瓦片，应用程序本身无法侦测到它是否已经被放到了主界面中。

使用了"瓦片式"通知机制的瓦片可以更新瓦片的图形或文字内容，这使得用户可以创造更加个性化的主界面体验。例如，瓦片上可以显示某个游戏里是否已经轮到用户的回合，或者天气，抑或有几封新邮件和几个未接来电等。如图5-11所示。

图5-11　瓦片上显示通知信息

5.4.2 屏幕方向

Windows Phone支持三种屏幕视图方向：纵向、左横向和右横向，如图5-12所示。在纵向视图下，屏幕垂直排布，导航栏在手机下方，页面高度大于宽度。在横向视图下，状态栏和应用程序栏保持在开始按钮所在的一侧。

在横向视图下，状态栏的宽度会从32像素变为72像素。在纵向视图下，当用户滑出横向的物理按键时，界面会自动切换为横向视图的界面。界面中会跟随屏幕方向进行调整的组件包括状态栏、应用程序栏、应用程序栏菜单、推送通知和对话框等。

图5-12 不同的屏幕方向

5.4.3 通知

瓦片上有一个可选的计数器，以便让用户发现更新的信息，计数器使用系统字体。瓦片还可以更新由开发者提供的背景图，或者显示可选的标题。如果程序没有自带用于瓦片上的图片或标题，则会显示默认图标，如图5-13所示。

图5-13 瓦片上的计数器与默认图标

图5-13 瓦片上的计数器与默认图标（续）

5.4.4 文本字体

Windows Phone系统默认的字体叫作Segoe Windows Phone，包含普通、粗体、半粗体、半细体和黑体5种样式，如图5-14所示。系统提供了一套东亚阅读字体，支持中文、日文和韩文。当然，开发者也可以在App中嵌入自己的字体，但这些字体只在该应用程序中有效，无法应用到整个系统。

Segoe WP Regular

abcdefghijklmnopqrstuvwxyz1234567890
ABCDEFGHIJKLMNOPQRSTUVWXYZ

Segoe WP Bold

**abcdefghijklmnopqrstuvwxyz1234567890
ABCDEFGHIJKLMNOPQRSTUVWXYZ**

Segoe WP Semi-bold

abcdefghijklmnopqrstuvwxyz1234567890
ABCDEFGHIJKLMNOPQRSTUVWXYZ

Segoe WP Semi-light

abcdefghijklmnopqrstuvwxyz1234567890
ABCDEFGHIJKLMNOPQRSTUVWXYZ

Segoe WP Black

**abcdefghijklmnopqrstuvwxyz1234567890
ABCDEFGHIJKLMNOPQRSTUVWXYZ**

图5-14 5种字体样式

5.4.5 状态栏

　　状态栏是一个在应用程序以外预留的位置上，用一种简洁的方式显示系统及状态信息的指示条。状态栏是Windows Phone系统的两个主要组件之一，另一个是应用程序栏。

　　状态栏可以自动更新，以提供不同的通知并通过显示以下信息让用户保持对系统状态的关注，如图5-15所示。

图5-15　状态栏

> 提示：双击状态栏区域后，其他的信息会滑入屏幕并保持大约8秒，然后滑出屏幕。

5.5　应用程序控件设计

　　Windows Phone系统上承载的Silverlight界面框架使得一系列崭新的移动设备设计体验成为可能。Silverlight掌握了.NET的力量，包含大量的控件、丰富的布局和样式。开发者可以利用他们以前的Silverlight以及.NET开发经验来促进现在在移动设备上的控件工作，并把它们运用到Windows Phone的应用程序里。

5.5.1　应用程序控件分类

　　Windows Phone提供了一套完整的标准控件范式，例如边框、背景层、按键、输入框、滚动指示器和文本块等。用户可以在自己的App中直接使用这些标准的控件，或者创造自定义的控件，来强化个性化。

按键

　　用户按下按键时就会激发一个动作。按键形状一般是长方形，并且上面可以显示文字或者图形。按键支持"正常"、"单击"和"禁用"三种状态，支持手势单击。如果要在按键上使用文字，那么最好不要显示超过两个英文单词。按键文字应当简明，并且是动词。当使用对话框时，"OK"或者其他积极操作应当位于左边，"取消"或其他消极操作位于右边，如图5-16所示。

图5-16　按键形状、内容和位置

勾选框

　　勾选框通常用来定义一个二进制状态，可以群组使用，以显示多种选择，用户可以从中选择一个或多个。用户可以通过手势单击勾选框本身，或者其他相关的文字来完成操作。

　　此控件支持一种不定状态，可以用来同时表示一组选项里有些被选中，有些没有被选中。复选框在选中和未选中时都支持"正常""单击"和"禁用"三种状态。

　　尽管此控件支持多行文字显示，但应将字数限制在两行以内，以保证设计的统一。如果用户有多个选项要选择，那么可以考虑使用滚动查看器或者增加一个堆栈面板。微软不推荐使用不定状态的勾选框，因为用户可能会分不清哪些项目是被选中的、哪些没有被选中。有个更合适的方式是，测算复选框的数据源，以分散复选框，或者使用多选列表，尤其是使用动态数据组合时，如图5-17所示。

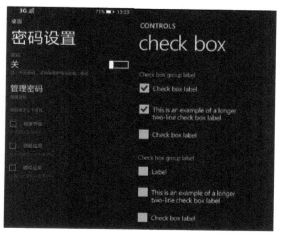

图5-17　复选框的设置

输入框

输入框控件能够显示内容并且允许用户输入文字或者编辑内容。输入框可以显示单行或多行，多行输入框会根据控件尺寸来进行文字换行，如图5-18所示。输入框可以被设置成只读，但是一般来说更多地用于可编辑文字。与密码框一样，当输入框获取焦点时，屏幕键盘会自动弹出，除非手机有物理键盘。

图5-18　输入框

密码框

密码框会显示内容，并允许用户输入或编辑内容。当输入一个字符时，它会立刻显示出来，而当下一个字符输入，或者间隔两秒后，

就会变成一个黑点，如图5-19所示。当密码框获取焦点时，屏幕键盘会自动弹出，除非手机有物理键盘。

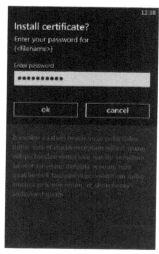

图5-19　密码框

文本块

文本块会显示固定数量的文字，用来标注控件以及控件集合。所有相关联控件的所有状态下的文本块都保持一致，并且支持换行。设计文本块时请始终使用Windows Phone预先定制好的文本样式，而不要去重新设置字体大小、颜色、粗细或者名称以满足未来的屏幕分辨率或尺寸，如图5-20所示。

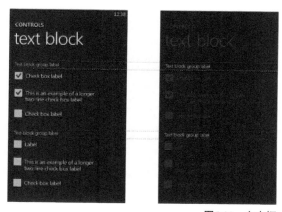

图5-20　文本框

滑动条

滑动条控件用来在一段连续的数据上采一个值，例如音量或亮度。滑动条有一个从最大值到最小值的增长区间，如图5-21所示。应用程序可

以使用水平或者垂直的滑动条，不过一般建议使用水平滑动条。

图5-21　滑动条

进度条

进度条是一个表示某项操作进度的控件，可以使用该控件来显示普通的进度，或根据一个数值来改变的进度，如图5-22所示。开发者可以选择是否使用进度条，如果应用程序里会出现等待状态，并且不需要用户进行操作，就应该考虑使用进度条。

图5-22　进度条

单选按钮

单选按钮是用来从一组相关联但是本质上又互斥的选项中选取一项的控件，用户可以单击按钮后面的说明文字或者按钮本身来选取，每次只能有一个选项被选中。无论选中还是未选中，单

选按钮都有"正常""单击"和"禁用"三种状态，如图5-23所示。

图5-23　单选按钮

> **提示：** 按钮的说明文字最多可以有两行，不过还是以简短为好。如果选项很多，就应该考虑使用滚动查看器。

列表框

列表框控件包括一系列项，用户可以通过绑定一个数据源来生成这个控件，或者显示绑定的项。列表框是项的控件，这意味着通过含有文本的项或者其他控件来生成一个列表框，如图5-24所示。

图5-24　列表框

5.5.2　系统控件规范

用户界面由按其自身独立运动逻辑运行的层类型组成：一个背景图片、一个 Panorama标题、一个Panorama区域标题和一个Panorama区域。缩略图可完善体验，并且是全景视图的主要元素，

它们链接到在全景体验之外使用的内容或媒体。

背景图片是最低的层，并为Panorama提供了丰富的杂志般的感觉。背景通常是一张整幅图像，它可能是应用程序最直观的部分。

Panorama标题应标识应用程序，并且无论用户以何种方式进入应用程序，标题都应当清晰可见。

Panorama区域是封装有其他控件和内容的全景应用程序的组件。Panorama 区域的移动速率与手指平移或轻拂的速率相同。

Panorama区域标题对于任何给定的Panorama区域都是可选的。

缩略图是全景视图的主要元素。它们链接到在全景体验之外使用的内容或媒体，如图5-25所示。

图5-25　缩略图

Panorama体验由一个 Panorama 控件和一个或多个 PanoramaItem 控件组成。Panorama 控件可用作应用程序的基础，而 PanoramaItem 控件可托管个别内容部分。基于应用程序的要求，可以将多个 PanoramaItem 控件添加到 Panorama 控件表面，其中每一个 PanoramaItem 都提供一种具有独特目的的功能。例如，一个 PanoramaItem 可能包含一系列链接和控件，而另一个则是缩略图图像的储存库。用户可以使用 Panorama 应用程序已提供的手势支持在这些控件之间来回平移，如图5-26所示。

图5-26　Panorama体验

5.6 Windows Phone 图标绘制

Windows Phone是微软公司最新发布的手机操作系统，而这套Windows Phone系统图标资源就是精选自该系统的图标集，如图5-27所示。

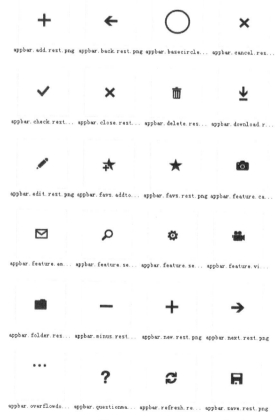

图5-27　Windows Phone系统图标资源

Windows Phone图标主要分为4种类型：主界面图标、应用程序图标、状态栏图标和小图标。

主界面图标一般为100×100像素；应用程序图标一般为60×60像素；状态栏图标一般为30×30像素；小图标一般为26×26像素。

> 提示：Windows Phone的主界面允许用户自定义图标大小，要以100×100像素为基础。

5.7 综合案例

下面通过综合案例来学习绘制Windows Phone操作系统的界面。

综合案例——绘制Windows Phone语音设计界面

本案例制作的是Windows Phone语音设计界面，这款语音设置界面中的元素很少，只有几行文字和几个矩形框，几乎没有什么难度。制作时要注意对齐元素。最终效果如图5-28所示。

图5-28　语音设计界面最终效果

使用到的技术	圆角矩形工具、图层样式、椭圆工具
规格尺寸	768×1280（像素）
视频地址	视频\第5章\Windows Phone语音设计界面.swf
源文件地址	源文件\第5章\Windows Phone语音设计界面.psd

01 执行"文件>新建"命令，新建一个空白文档，如图5-29所示。新建图层，设置"前景色"为黑色，按快捷键【Alt+Delete】填充颜色，如图5-30所示。

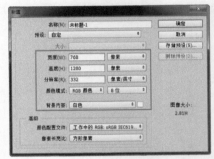

图5-29　新建空白文档

图5-30　设置前景色为黑色

02 执行"视图>标尺"拖出参考线，如图5-31所示。打开"字符"面板设置参数，如图5-32所示。

图5-31　拖出参考线　　图5-32　设置字符参数

03 使用"直排文字工具"在设计文档中输入文字，效果如图5-33所示。修改"字符"面板上的属性，使用"直排文字工具"继续在文档中输入文字，如图5-34所示。

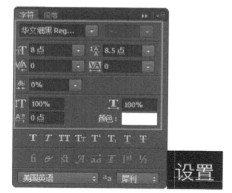

图5-33　输入文字

图5-34　修改字符属性并输入文字

04 使用相同的方法输入其他文字内容，如图5-35所示。单击工具箱中的"矩形工具"绘制"填充"为白色的矩形，如图5-36所示。

图5-35　输入其他文字内容

图5-36　绘制"填充"为白色的矩形

05 设置"路径操作"为"减去顶层形状"，继续绘制形状，如图5-37所示。使用"直线工具"，设置"路径操作"为"合并形状"，继续绘制形状，如图5-38所示。

图5-37　设置"减去顶层形状"后继续绘制图形

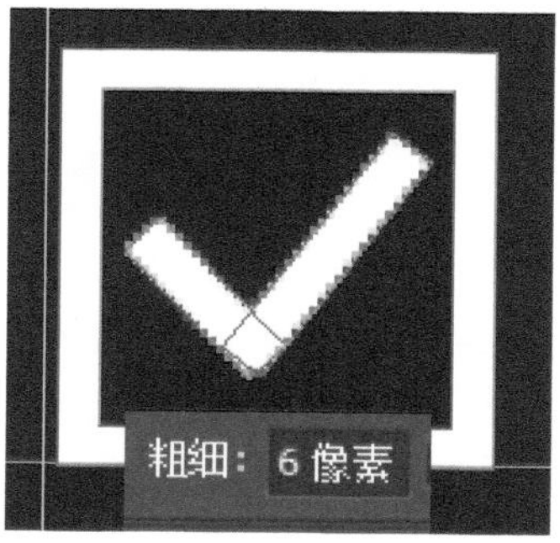

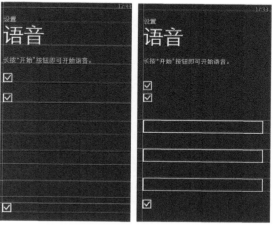

图5-38　设置"合并形状"后继续绘制图形

06 使用"移动工具"，按住【Alt】键拖动复制形状，适当调整其位置，如图5-39所示。使用相同的方法完成相似内容制作，如图5-40所示。

图5-39　复制形状并调整位置　图5-40　完成相似内容制作

07 使用相同的方法完成相似内容制作，得到界面的最终效果如图5-41所示。"图层"面板如图5-42所示。

图5-41　界面最终效果　　　图5-42　"图层"面板

综合案例——绘制Windows Phone应用程序界面

本案例主要制作Windows Phone应用程序界面。界面由大量的系统图标组成，图标可以通过大量的形状工具绘制而成，制作时注意图标细节。最终效果如图5-43所示。

图5-43　Windows Phone应用程序界面最终效果

使用到的技术	矩形工具、椭圆工具、路径操作
规格尺寸	480×800（像素）
视频地址	视频\第5章\绘制Windows Phone 应用程序界面.swf
源文件地址	源文件\第5章\绘制Windows Phone应用程序界面.psd

01 执行"文件>新建"命令，设置"背景色"为黑色，新建一个空白文档，如图5-44所示。使用"矩形工具"，设置"描边"为白色，"填

充"为无，在画布中绘制形状，如图5-45所示。

图5-44　新建空白文档，设置"背景色"为黑色

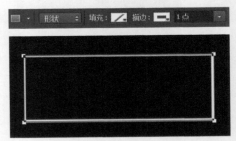

图5-45　设置矩形"描边"为白色，"填充"为无

02 继续在画布中绘制矩形，并修改"填充"为白色，"描边"为"无"，如图5-46所示。使用相同方法绘制其他矩形，如图5-47所示。

图5-46　继续绘制"描边"为无，"填充"为白色的矩形

图5-47　使用相同方法绘制其他矩形

03 继续在画布中绘制一个白色的矩形，如图5-48所示。使用"添加锚点工具"，在适当位置添加锚点，使用"直接选择工具"拖动锚点调整形状，如图5-49所示。

图5-48　绘制一个白色矩形

图5-49　添加锚点并拖动以调整形状

04 使用"直线工具"，设置"粗细"为1像素，"路径操作"为"合并形状"，在画布中绘制形状，如图5-50所示。继续使用"矩形工具"在画布中绘制矩形，如图5-51所示。

 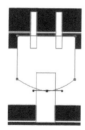

图5-50　绘制形状　　　图5-51　绘制矩形

05 双击该图层缩览图，弹出"图层样式"对话框，如图5-52所示。选择"描边"选项进行相应设置，效果如图5-53所示。

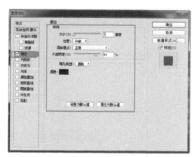

图5-52　设置图层样式

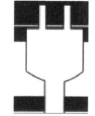

图5-53　设置后效果

06 打开"字符"面板设置参数，如图5-54所示。使用"横排文字工具"在画布中输入文字，如图5-55所示。将相关图层编组为"电池"，如图5-56所示。

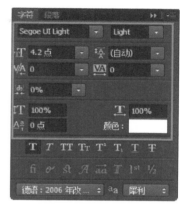

图5-54　设置字符参数

图5-55　输入文字

图5-56　编组相关图层

提示：用户可以使用"横排文字工具"或"直排文字工具"在画布中单击插入输入点，然后按快捷键【Ctrl+T】，即可快速打开"字符"面板。

07 使用"椭圆工具"，在画布中绘一个白色的正圆，如图5-57所示。修改"路径操作"为"减去顶层形状"，在画布中绘制圆环，如图5-58所示。

图5-57 绘制白色正圆	图5-58 绘制圆环

08 使用相同方法继续绘制一个小圆环，如图5-59所示。使用"圆角矩形工具"，设置"半径"为10像素，在画布中绘制一个圆角矩形，对其进行旋转，如图5-60所示。

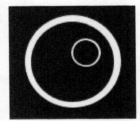

图5-59 绘制小圆环

图5-60 绘制圆角矩形

09 使用相同方法在画布中创建参考线，使用"矩形工具"设置"填充"为RGB（229、20、0），在画布中绘制形状，如图5-61所示。双击该图层缩览图，弹出"图层样式"对话框，如图5-62所示。选择"外发光"选项进行相应设置，效果如图5-63所示。

图5-61 创建参考线并绘制形状

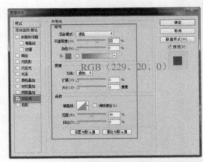

图5-62 设置图层样式

10 使用相同方法在矩形上方绘制一个"填充"为RGB（241、148、138）的圆环，如图5-64所示。

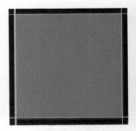 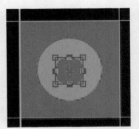

图5-63 效果图	图5-64 绘制圆环

11 使用"钢笔工具"，设置"路径操作"为"减去顶层形状"，在画布中绘制形状，如图5-65所示。打开"图层样式"对话框，如图5-66所示。选择"外发光"选项进行相应设置，效果如图5-67所示。

图5-65 绘制缺口圆形

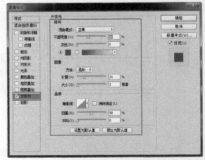

图5-66 设置图层样式

⑫ 按快捷键【Ctrl+J】复制该图层，使用"直接选择工具"选中扇形路径，修改"操作路径"为"与形状区域相交"，并适当调整路径的位置，如图5-68所示。

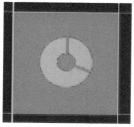

图5-67　效果图　　　　图5-68　调整扇形图位置

⑬ 修改该形状的"填充"为白色，将相关图层编组为"图标1"，如图5-69所示。复制"矩形5"，将其移至图层最上方，适当调整位置，如图5-70所示。

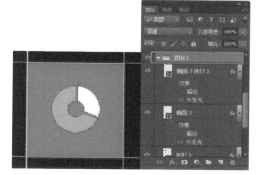

图5-69　修改形状填充色并编组图层

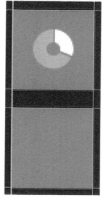

图5-70　复制图层并调整位置

⑭ 使用"圆角矩形工具"绘制一个"半径"为1像素的圆角矩形，将其适当旋转，如图5-71所示。按快捷键【Ctrl+T】，将其旋转45度，如图5-72所示。

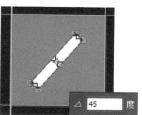

图5-71　绘制圆角矩形　　　图5-72　旋转圆角矩形

⑮ 多次按快捷键【Ctrl+Shift+Alt+T】变换形状，效果如图5-73所示。继续使用"椭圆工具"，设置"路径操作"为"合并形状"，绘制一个正圆，如图5-74所示。

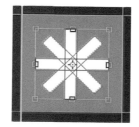
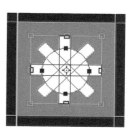

图5-73　效果图　　　　图5-74　绘制正圆

⑯ 使用相同方法完成形状的绘制，如图5-75所示。复制"图标1"的图层样式，为该图层粘贴图层样式，如图5-76所示。

图5-75　完成绘制

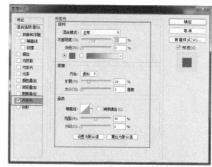

图5-76　设置图层样式

⑰ 将相关图层编组，命名为"图标2"，如图5-77所示。复制"矩形5"，将其移至图层最上方，适当调整位置，如图5-78所示。使用"椭圆

139

工具"在画布中绘制一个椭圆,将其适当旋转,如图5-79所示。

图5-77 编辑图层并命名　图5-78 复制图形并调整位置

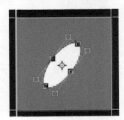

图5-79 绘制椭圆

⑱ 复制该图层,将其等比例缩小。快捷键【Ctrl+E】合并这两个图层,修改小椭圆的"路径操作"为"减去顶层形状",适当调整位置,如图5-80所示。使用相同方法在画布中绘制一个正圆,如图5-81所示。

图5-80 绘制圆环　　　图5-81 绘制正圆

⑲ 修改"路径操作"为"减去顶层形状",在画布中绘制出圆环,如图5-82所示。使用"矩形工具",设置"路径操作"为"合并形状",绘制矩形,如图5-83所示。

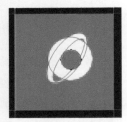 

图5-82 绘制圆环　　　图5-83 绘制矩形

⑳ 使用相同方法完成其他内容制作,如图5-84所示。使用相同方法为其粘贴图层样式,如图5-85所示。

图5-84 完成其他内容制作　图5-85 粘贴图层样式

> **提示:**进行该步骤时,使用"矩形工具",设置"路径操作"为"减去顶层形状",在画布中绘制形状,继续使用"钢笔工具",在形状上方绘制形状,如图5-86所示。
>
>
>
> 图5-86 该步骤详细操作过程

㉑ 复制"矩形5"图层,将其移至图层最上方,适当调整位置,如图5-87所示。使用"圆角矩形工具",设置"半径"为3像素,在画布中绘制形状,如图5-88所示。

图5-87 复制并移动位置　图5-88 绘制圆角矩形

㉒ 使用"椭圆工具",设置"路径操作"为"减去顶层形状",在画布中绘制形状,如图5-89所示。继续修改"路径操作"为"合并形状",绘制正圆,如图5-90所示。

图5-89　绘制圆形

图5-90　绘制正圆

㉓ 使用相同方法完成形状的制作，为其粘贴图层样式，如图5-91和图5-92所示。

图5-91　完成其他形状绘制

图5-92　粘贴图层样式

㉔ 使用相同方法完成其他内容的制作，如图5-93和图5-94所示。打开"字符"面板设置参数，如图5-95所示。

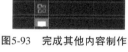
图5-93　完成其他内容制作

图5-94　完成其他图层编组

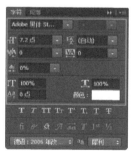
图5-95　设置字符参数

㉕ 使用"横排文字工具"在画布中输入文字，如图5-96所示。使用相同方法输入其他文字，将相关图层编组，如图5-97所示。

图5-96　输入文字

图5-97　输入其他文字并编组图层

综合案例——绘制Windows Phone可爱游戏界面

在本案例中，刻画甜点的质感是一个关键性的步骤。我们先使用"钢笔工具"勾勒出甜点的轮廓，然后通过不断新建图层并刷上颜色的方法一点点叠加出明暗光影变化。如果感觉某一层阴影高光的颜色不准，可以通过"色相/饱和度"命令进行调整，还可以适当使用"减淡工具"提亮一下最亮的区域，这往往能起到画龙点睛的作用。最终效果如图5-98所示。

图5-98　最终效果图

使用到的技术	椭圆工具、钢笔工具、图层样式
规格尺寸	1280×768（像素）
视频地址	视频\第5章\绘制Windows Phone可爱游戏界面.swf
源文件地址	源文件\第5章\绘制Windows Phone可爱游戏界面.psd

01 执行"文件>新建"命令，新建一个空白文档，如图5-99所示。设置渐变色为RGB（255、183、48）到白色，为画布填充颜色，如图5-100所示。

图5-99　新建空白文档

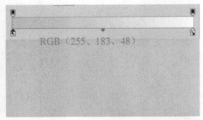

图5-100　设置渐面颜色

02 使用"椭圆工具"创建"填充"为RGB（250、228、244）的正圆，如图5-101所示。双击该图层缩览图，打开"图层样式"对话框，选择"投影"选项设置参数，如图5-102所示。

图5-101　创建正圆

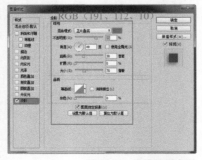

图5-102　设置投影参数

03 图像效果如图5-103所示。按快捷键【Ctrl+J】复制该形状，清除图层样式，将其等比例缩小，如图5-104所示。

图5-103　图像效果

图5-104　复制并缩小形状

04 双击该图层缩览图，打开"图层样式"对话框，选择"渐变叠加"选项设置参数，如图5-105所示。继续选择"外发光"选项，设置参数如图5-106所示。

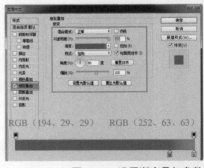

图5-105　设置渐变叠加参数

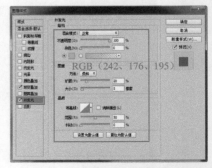

图5-106　设置外发光参数

05 图像效果如图5-107所示。使用相同的方法完成相似内容的制作，如图5-108所示。

图5-107 图像效果

图5-108 完成相似内容制作

06 使用"钢笔工具"绘制"填充"为RGB（215、7、9）的形状，如图5-109所示。设置"路径操作"为"合并形状"继续绘制形状，如图5-110所示。

图5-109 绘制形状

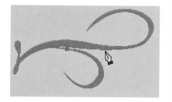

图5-110 绘制其他形状

07 使用"路径选择工具"拖选全部花纹形状，按下【Alt】键拖动并复制。将其水平翻转，适当调整位置，如图5-111所示。使用"移动工具"，按快捷键【Ctrl+T】，按下【Alt】键单击盘子中心，将其设置为变换中心，将形状调整旋转40°，如图5-112所示。

图5-111 复制形状并调整位置

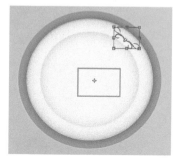

图5-112 旋转形状并调整位置

08 效果如图5-113所示。执行"文件>打开"命令，打开素材"第5章\素材\001.jpg"，将其拖入设计文档，适当调整位置和大小，如图5-114所示。

图5-113 效果图

图5-114 添加素材

09 设置该图层的"混合模式"为"正片叠底"，图像效果如图5-115所示。单击"图层"面板下的"创建新的图层或调整图层"按钮，选择"色相/饱和度"选项，设置参数如图5-116所示。图像效果如图5-117所示。

图5-115　设置图层混合模式

图5-116　设置色相/饱和度参数

图5-117　效果图

⑩ 使用"钢笔工具"绘制填充为RGB（186、212、5）的形状，如图5-118所示。双击该图层缩览图，打开"图层样式"对话框，选择"投影"选项设置参数，如图5-119所示。

图5-118　绘制图形

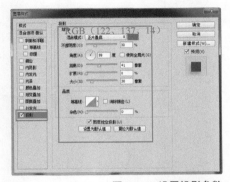

图5-119　设置投影参数

⑪ 图像效果如图5-120所示。新建图层，执行"图层>创建剪贴蒙版"命令，使用柔边画

笔涂抹颜色为RGB(176、199、3)，效果如图5-121所示。

图5-120　图像效果

图5-121　效果图

⑫ 新建图层，执行"图层>创建剪贴蒙版"命令，使用柔边画笔涂抹颜色为RGB(224、246、6)，为该图层添加图层蒙版，使用黑色柔边画笔适当涂抹画布，如图5-122所示。使用相同的方法完成相似制作，效果如图5-123所示。

图5-122　创建蒙版涂抹画布

图5-123　完成相似制作

⑬ 新建图层，设置"前景色"为RGB（50、29、1），使用"画笔工具"在设计文档中绘制文字（硬边笔刷），如图5-124所示。使用相同的方法绘制相似内容，图像效果如图5-125所示。

图5-124　绘制文字

图5-125　绘制相似内容

⑭ 使用"钢笔工具"创建白色形状，如图5-126所示。使用"路径选择工具"，按下【Alt】键拖动复制路径，将其水平翻转，适当调整位置，效果如图5-127所示。

图5-126　创建白色形状　　图5-127　复制并翻转形状

⑮ 双击该图层缩览图，打开"图层样式"对话框，选择"投影"选项设置参数，如图5-128所示。图像效果如图5-129所示。

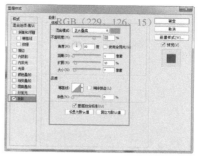

图5-128　设置投影参数　图5-129　效果图

⑯ 使用"钢笔工具"绘制"填充"颜色为RGB（255、182、66）的形状，如图5-130所示。双击该图层缩览图，打开"图层样式"对话框，选择"投影"选项设置参数，如图5-131所示。图像效果如图5-132所示。

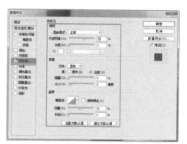

图5-130　绘制形状　　　图5-131　设置投影参数

图5-132　效果图

⑰ 使用相同方法完成相似内容的制作，图像效果如图5-133所示。使用"椭圆工具"创建一个任意颜色的正圆，如图5-134所示。

图5-133　图像效果

图5-134　创建任意颜色正圆

⑱ 双击该图层缩览图，弹出"图层样式"对话框，选择"渐变叠加"选项设置参数，如图5-135所示。图像效果如图5-136所示。

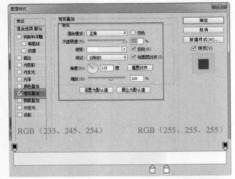

图5-135　设置渐变叠加参数值

图5-136　图像效果

⑲ 按快捷键【Ctrl+J】复制该图层，清除图层样式，将其等比例缩小，如图5-137所示。双击该图层缩览图，弹出"图层样式"对话框，选择"内发光"选项设置参数，如图5-138所示。

图5-137　复制并缩小图层

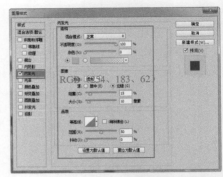

图5-138　设置内发光选项参数

⑳ 继续选择"渐变叠加"选项设置参数，如图5-139所示。图像效果如图5-140所示。

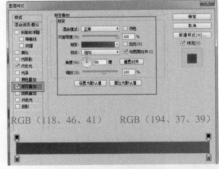

图5-139　设置渐变叠加选项参数

图5-140　图像效果

㉑ 使用"钢笔工具"，在"椭圆6"下方创建"填充"为RGB（227、227、226）的形状，如图5-141所示。使用"钢笔工具"，继续绘制"填充"为RGB（219、209、207）的形状，如图5-142所示。

图5-141　创建形状

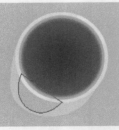

图5-142　绘制形状

㉒ 使用相同的方法绘制高光和音符形状，如图5-143所示。在"形状9"下方新建图层，使用柔边画笔涂抹颜色为RGB（239、185、55）的投影，如图5-144所示。

图5-143　绘制高光和音符形状

图5-144　新建图层并涂抹颜色

㉓ 使用相同方法完成相似内容的制作，得到界面的最终效果，如图5-145所示。仅显示背景图层，执行"文件>存储为Web 所用格式"命令，弹出"存储为Web 所用格式"对话框，适当设置参数值，如图5-146所示。

图5-145　最终效果

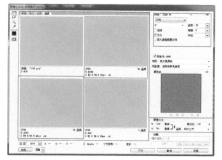

图5-146　设置参数值

㉔ 单击对话框底部的"存储"按钮，弹出"将优化结果存储为"对话框，对背景进行存储，如图5-147所示。仅显示"盘子"图层组，执行"图像>裁切"命令，弹出"裁切"对话框，裁掉画布周围的透明像素，如图5-148所示。

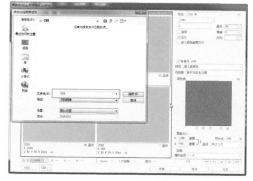

图5-147　存储背景

图5-148　裁切透明像素

㉕ 仅显示背景图层，执行"文件>存储为Web 所用格式"命令，弹出"存储为Web 所用格式"对话框，适当设置参数值，如图5-149所示。使用相同方法对界面中的其他元素进行切片存储，如图5-150所示。

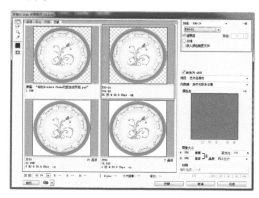

图5-149　设置存储参数值

147

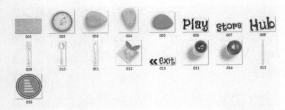

图5-150　存储其他元素

5.8　本章小结

　　本章主要对Windows Phone的设计原则、特点以及界面设计框架的基本设计使用原则做了详细的介绍。总结起来说，Windows Phone系统的用户界面偏简单、扁平、清晰，装饰性元素被最大幅度地削弱，为文字信息和图片等具体内容让道。希望通过本章的学习，读者们可以大致了解Windows Phone系统应用的大致设计原则。

练习题

一、填空题

1. （　　　　　　　　）UI设计基于一个叫作Metro的内部项目。

2. Windows Phone的界面框架是由（　　）、进度指示器、滚动查看器和（　　）构成的。

3. Windows Phone图标主要分为4种类型：（　　）图标、（　　）图标、（　　）图标和小图标。

4. （　　）是Windows Phone系统的两个主要组件之一，另一个是应用程序栏。

5. （　　）是用户启动Windows Phone开始体验的起始点。

二、选择题

1. Windows Phone系统默认的字体叫作Segoe Windows Phone，包含（　　）、（　　）、半粗体、（　　）和黑体5种样式。

A．普通、粗体、半细体

B．普通、粗体、黑体

C．普通、粗体、宋体

D．黑体、宋体、仿宋

2. 所有的UI元素都应该实实在在地（　　），并附以（　　）、（　　）、吸引人的视觉元素。

A．数字化、和谐的、交互元素的

B．数字化、和谐的、功能化的

C．数字化、简单的、功能化的

D．统一化、和谐的、功能化的

3. Windows Phone App设计特点包括（　　）

A．新颖的解锁界面、简单实用的主界面、新颖的全景视图、流畅的动画效果

B．新颖的解锁界面、简单实用的主界面、新颖的全景视图、绚丽动画效果

C．新颖的解锁界面、简单实用的主界面、比较丰富全景视图、流畅的动画效果

D．简单解锁界面、简单实用的主界面、新颖的全景视图、流畅的动画效果

4. 在路径曲线线段上，方向线和方向点的位置决定了曲线段的（　　）。

A．形状　　　　　　　B．方向

C．像素　　　　　　　D．角度

5. 在按住【Alt】键的同时，使用（　　）将路径选择后，拖拉该路径将会把该路径复制。

A．钢笔工具　　　　　B．自由钢笔工具

C．直接选择工具　　　D．移动工具

三、简答题

Windows PhoneApp的设计原则是什么？

附录一　Android M操作系统前瞻

Android M是谷歌公司于2015年5月28日在美国举办的年度I/O开发者大会中发布的，虽然谷歌公司尚未宣布将要发布新的操作系统，但其在描述中提到，Android M将把Android的能量拓展到各种工作场合，包括小企业、无电脑办公、物流和仓储等。

新的Android M还没有正式亮相，这仅仅是一个预览版，因此和去年的L一样，暂时还没有代号。Android M最大的一个亮点是为用户提供两套相互独立的解决方案。

简单来说，Android M将为每位用户的每一个应用都提供两套数据存储方案。一套专门用来存储用户的工作资料，另一套专门用来存储用户的个人信息；并且，让这两套系统完全相互独立，如附录图1-1所示。

附录图1-1　Android M的存储方案

Android M的六大特点

- AppPermissions（软件权限管理）

谷歌新一代Android代号M。

在Android M里，应用许可提示可以自定义了。

它允许对应用的权限进行高度管理，比如应用能否使用位置、相机、麦克风、通讯录等，这些都可以开放给开发者和用户。

- ChromeCustomTabs（网页体验提升）

新版的Android M对于Chrome的网页浏览体验进行了提升，它对登录网站、存储密码、自动补全资料、多线程浏览网页的安全性进行了一系列的优化。

- AppLinks（APP关联）

Android M加强了软件间的关联，谷歌公司在现场展示了一个例子，比如你的手机邮箱里收到一封邮件，内文里有一个Twitter链接，用户单击该链接可以直接跳转到Twitter应用，而不再是网页。

- AndroidPay（安卓支付）

Android支付统一标准。新的Android M系统中集成了AndroidPay。其特性在于简洁、安全、可选。AndroidPay是一个开放性平台，使用户可以选择通过谷歌公司的服务或者使用银行的App来使用它，AndroidPay支持4.4以上系统设备。

在发布会上谷歌公司宣布AndroidPay已经与美国三大运营商700多家商店达成合作。支付功能可以使用指纹来进行支付，这意味着今年基于Android M的Nexus产品肯定会有指纹识别了，如附录图1-2所示。

附录图1-2　Android M的Nexus产品

- FingerprintSupport（指纹支持）

Android M增加了对指纹的识别API，谷歌公司开始在Android M里自建官方的指纹识别支持，力求Android统一方案，目前所有的Android产品指纹识别使用的都是非谷歌认证的技术和接口，如附录图1-3所示。

附录图1-3　Android产品指纹识别

● Power&Change（电量管理）

　　新的电源管理模块将更为智能，比如
Android平板长时间不移动时，Android M系统将
自动关闭一些App。同时Android M设备将支持
USBType-C接口，新的电源管理将更好地支持
Type-C接口。

附录二　**Windows Phone 10操作系统前瞻**

距离微软公司推送Windows 10 Mobile 10080已经接近一个月了，近日，Windows Insider负责人Gabriel Aul通过推文表示，微软公司正在准备Win10 Mobile预览版10136，并有望推送，如附录图2-1所示。

附录图2-1　Win 10 Mobile预览版10136

GWindows Phone 10的变化

Win10手机版10136将会改进通知+控制中心里的网络连接功能，将会引入新的3G网络连接按钮，Wi-Fi按钮也会升级：单击Wi-Fi按钮可以直接开启或关闭Wi-Fi，长按Wi-Fi按钮可以打开Wi-Fi设置页面。

当然，这不是巨大的改进，不过Windows10Mobile系统这些细微的差别改进，可以带来用户体验的提升，满足用户的不同需求，如附录图2-2所示。

附录图2-2　Windows 10 Mobile

界面最大的变化就是采用了透明的磁贴，开始屏幕背景变成了全屏覆盖，不再局限于磁贴，左滑应用程序列表也出现了图片背景。Windows Phone 10将带来名为"Mixview"的爆裂式动态磁贴，允许动态磁贴向四周扩展"爆裂"出更小的动态磁贴和相关信息，形成悬浮式的磁贴界面。